Homöopathie für Hunde

Hilke Marx-Holena

Der PraxisRatgeber

Homöopathie für Hunde

Vorwort   7

Grundlagen der Homöopathie   8

Zur Geschichte   8
Arzneimittelprüfung   8
Arzneibild/Krankheitsbild   9
Ähnlichkeitsregel   9
Was bedeutet Potenzierung?   9
Die verschiedenen Potenzen   10
Arzneiformen   10
Arten der Anwendung homöopathischer Arzneien   11
Dosierung   12
Wiederholung der homöopathischen Arznei   13
Antworten auf häufig gestellte Fragen   13
Hilfe zur Arzneifindung   15

Die homöopathische Apotheke   16

18 Arzneien für die Notfallapotheke   16
57 Arzneien für Ihre große Hausapotheke   17

Erste Hilfe durch Homöopathie   19

Ruhewerte beim Hund   19
Fiebermittel   19
Verletzungen im/am Auge   20
Wunden durch Stich   21
Wunden durch Schnitt   21
Wunden durch Riss, Quetschung   22
Wunden, die eitern   22
Wunden, die eitern (schlechtes Allgemeinbefinden)   23
Verletzung: Schlag, Prellung, Sturz   23
Verletzung: Zerrung, Verstauchung, Überanstrengung   24
Folgen von Impfungen   24
Folgen von Narkose   25
Folgen von starker Hitze, Sonne   26

Augen 27

Bindehautentzündung (Konjunktivitis) 27

Ohren 30

Entzündung des äußeren Gehörgangs (Otitis externa) 30

Atemwege 32

Schnupfen, Nasenkatarrh (Rhinitis) 32
Mandelentzündung (Tonsillitis) 33
Reizhusten, nervöser 34
Kehlkopfentzündung (Laryngitis) 35
Luftröhrenentzündung 36
Bronchitis, akut 37

Herz-Blutkreislauf 40

Herz-, Kreislaufschwäche 40
Herzrhythmusstörungen 42

Verdauungsorgane 44

Appetitstörungen 44
Mundgeruch (Foetor ex ore) 46
Erbrechen (Vomiting) 47
Magenschleimhautentzündung (Gastritis) 50
Durchfall (Diarrhoe) 51
Verstopfung (Obstipation) 56
Analbeutelerkrankung 58
Leberstörungen 59

Harnwege 61

Blasenentzündung (Zystitis) 61
Blasenschwäche (Inkontinenz) 62

Geschlechtsorgane, weiblich 64

Richtwerte für Geschlechtsreife, -zyklus, und Tragzeit der Hündin 64
Ausbleiben der Läufigkeit (Hitze) 64
Läufigkeitsstörungen, Dauerläufigkeit 65
Scheinträchtigkeit (Pseudogravidität) 66
Milchdrüsenentzündungen (Mastitis) 67

Geschlechtsorgane, männlich 69

Entzündung der Vorhaut (Posthitis), der Peniseichel (Balanitis) 69
Geschlechtstrieb, übermäßiger 70
Vergrößerung der Vorsteherdrüse (Prostatahyperthrophie) 71

Bewegungsapparat 72

Rheuma (Sehnen, Muskeln, Gelenke) 72
Gelenkentzündung, nichtinfektiöse (Arthritis) 74
Gelenkentzündung, chronisch (Arthrose) 75
Sehnenüberbeanspruchung, Sehnenscheidenentzündung
(Tendovaginitis) 77
Wirbelsäule, Rückenmark 78

Haut 80

Haarausfall, krankhafter (Alopecia) 80
Schuppenbildung 81
Hautpilzerkrankungen (Dermatomykosen) 82
Hautentzündungen (Dermatitis) 83
Ekzem 85

Verhalten 89

Verhaltensauffälligkeiten 89

Literaturnachweis, Bezugsquellen 94

»Durch Ihren Ratgeber konnten wir unserem Hund häufig sehr gut helfen«,
schreiben oder erzählen mir manche Hundefreunde dankbar und berichten
von den jeweiligen Therapierfolgen bei ihrer Hündin oder ihrem Rüden. Es
freut mich jedes Mal, zu hören oder zu lesen, dass mein Buch in regem Ge-
brauch ist und für Hunde erfolgreiche Hilfe durch Homöopathie bedeutet.
Die Besonderheit meines Ratgebers liegt darin, Ihnen größtmögliche Information und Qualität bei guter Übersicht in einem handlichen Format zu
bieten. Durch die klare Aufteilung und Anordnung innnerhalb der einzelnen
Krankheitsteile werden Sie das gesuchte Kapitel auf einen Blick finden, um
dort die passende Arznei für Ihren Hund ermitteln zu können. Ich legte viel
Wert darauf, Ihnen die Grundlagen der Homöopathie eingehend zu erläutern
und Ihnen Tipps für die Homöopathische Hausapotheke zu geben. Ebenso
genaue Angaben erhalten Sie zu Erster Hilfe und zu den alltäglichen Krank-
heitsbildern beim Hund, deren Symptome mit homöopathischen Arzneien
und sachgemäßer Dosierung aufgeführt sind. Der Ratgeber beinhaltet alt-
hergebrachtes Wissen, bewährte Heilanzeigen und meine tierhomöopathi-
schen Erfahrungen aus vielen Jahren Praxis und Beratung.
Ich bin 1955 geboren, verheiratet und Mutter von drei erwachsenen Kindern.
Zu unserem Alltag gehören zwei Hündinnen, wobei ich seit über 32 Jahren
mit Hunden zusammenlebe und auch Erfahrung in der Hundezucht besitze.
Mein Studium der klassischen Homöopathie, das 1982 unter der Leitung
eines Arztes der Homöopathie begann, schloss ich einige Jahre später erfolg-
reich ab und bilde mich fortlaufend weiter. Zudem habe ich eine Ausbildung
zur Tierheilpraktik absolviert, bin seit über 12 Jahren in eigener Fahrpraxis tä-
tig und spezialisiert auf die Homöopathie für Tiere (vor allem Pferde, Hunde,
Katzen).
Mein Dank geht an das Team vom Verlag BLV. Herzlich danke ich meinem
Mann Volker für seinen Beistand und Rat. Dank Ihres Zuspruchs, liebe Lese-
rinnen und Leser, liegt mein Ratgeber nun in nächster Auflage vor. Ich hoffe,
Sie finden hier weiterhin die Information, um Ihrem Hund bei Erkrankung
oder Verhaltensauffälligkeit helfend und heilend zur Seite zu stehen.

Hilke Marx-Holena
www.homoeopathie-pferde-hunde.de
hil.ma-tierhomoeopathie@t-online.de

GRUNDLAGEN DER HOMÖOPATHIE

Zur Geschichte

Der Arzt und Chemiker Dr. Samuel Hahnemann ist der Begründer der Homöopathie. Im Jahre 1790 unternahm er seinen berühmten Selbstversuch mit Chinarinde, der als Geburtsstunde der Homöopathie gilt. Dabei spürte er Symptome, die Ähnlichkeit mit den Symptomen von Malaria haben. Das war der Beginn für viele weitere Forschungen. Erst 1796 ging er mit seiner »Homöopathik« an die Öffentlichkeit. Hahnemann begründete und entwickelte nicht nur die homöopathische Medizin, sondern auch das gesamte Verfahren zur Herstellung ihrer Arzneien. Die homöopathische Anwendung am Tier geht auf das Jahr 1815 zurück, wobei Hahnemann zur »Homöopathie der Haustiere« erstmals 1829 öffentlich Stellung nahm. Mit Verbreitung der Homöopathie für Mensch und Tier im In- und Ausland kam es zu weiteren, bedeutenden Fortschritten. Die Homöopathie ist heute eine anerkannte, hochaktuelle Heilmethode für Tiere.

Arzneiausgangsstoffe der Homöopathie

Arzneiurstoffe der Homöopathie stammen aus dem Reich der **Pflanzen, Tiere und Mineralien** (sowie Metalle). Hinzu kommen unschädlich gemachte Krankheitsprodukte (z. B. Tuberkelbazillen), die als **Nosoden*** bezeichnet werden (z. B. *Tuberculinum*). Bestimmte Arzneiurstoffe, wie z. B. *Causticum*, stammen aus dem chemischen Labor. (*Durch deutsche Gesetzesänderung erhalten Sie bestimmte Nosoden in Österreich und der Schweiz auf Rezept).

Arzneimittelprüfung

»Was eine Arznei bewirkt, wird durch Prüfung am Gesunden festgestellt«, lautet das erste Grundprinzip der klassischen Homöopathie. Die Durchführung von Arzneimittelprüfungen an gesunden Menschen unterliegt genauen Bestimmungen. Bis heute prüft immer noch der Mensch für das Tier altbekannte und neue Arzneistoffe der Homöopathie, um ein möglichst vollständiges Arzneibild der jeweiligen Arznei zu erhalten. Obwohl inzwischen verschiedene Ergebnisse auch vom Tier vorliegen, können wir in der Tierhomöopathie nicht darauf verzichten, menschliche Arzneisymptome auf das Tier zu übertragen. Im Gegenteil, wir sind dankbar, dass es sie gibt!

Arzneibild/Krankheitsbild

In der Homöopathie hat jeder geprüfte Arzneistoff auch sein »Arzneibild«. Darunter versteht man zum einen die Summe aller Erscheinungen, die ein Arzneistoff am Gesunden hervorruft (Arzneiprüfung). Zum anderen setzt sich ein Arzneibild auch aus Erkenntnissen zusammen, die z. B. aus der Toxikologie, Pharmakologie, Praxis und Klinik stammen. Wird ein Hund krank, so zeigt sich sein Kranksein durch Krankheitssymptome, wobei jeder Hund – neben den allgemeinen Symptomen einer Krankheit – seine individuellen Krankheitssymptome äußern wird. Man spricht hier auch vom »Krankheitsbild« eines Kranken, und zwar in seiner Ganzheit von Geist, Seele und Körper. Vor der Arzneiwahl steht die Suche nach Ähnlichkeit zwischen dem Krankheitsbild des kranken Hundes und den Arzneisymptomen einzelner Arzneibilder, wobei man sehr oft die am Menschen geprüften Arzneisymptome auf den Hund übertragen muss.

Ähnlichkeitsregel

»Ähnliches möge durch Ähnliches geheilt werden«. Vereinfacht gesagt: Man wähle in jedem Krankheitsfall eine Arznei, die ähnliches Leiden erregen kann, als sie heilen soll. Ein kleines Beispiel kann Ihnen die Ähnlichkeitsregel im Ansatz verdeutlichen: Beim Schälen und Zerteilen einer Küchenzwiebel *(Allium cepa)* werden Sie evtl. Folgendes spüren: Ihre Augen tränen, die Tränen sind mild oder brennen, Ihre Nase läuft, juckt und wird evtl. wund, mit Verschlechterung in Wärme und Besserung im Freien. Treten ähnliche Symptome bei einer Erkrankung auf, kann potenzierte *Allium cepa* das Mittel der Wahl sein! Hinweis: Homöopathie meint Ähnlichkeit, und nicht Gleichheit! Denn »Gleiches möge mit Gleichem behandeln werden« ist Isopathie (iso=gleich; pathos=Leiden). Daher wird in der Homöopathie z. B. nach Bienenstich nicht generell potenzierte *Apis* (Honigbiene) gewählt, sondern das Mittel, welches die größte Ähnlichkeit mit den individuellen Symptomen des gestochenen Hundes hat. So kann ein durch Bienenstich verletzter Hund Symptome äußern, die denen von z. B. *Ledum, Urtica, Aconitum* oder *Rhus toxicodendron* ähnlich sind.

Was bedeutet Potenzierung?

In jeder Pflanze, jedem Tier, Mineral (sowie Metall) oder andersartigen Arzneiurstoff »wohnt« eine ihm eigene Kraft oder Dynamik. Hahnemann entwickelte ein Verfahren, um diese Kraft zu wecken und nannte es Dynamisieren bzw. Potenzieren. Gemeint ist das schrittweise Verdünnen und Verschütteln oder Verreiben eines Arzneiurstoffes. Nach jedem Schritt einer Verdünnung werden 10 Schüttelschläge vollführt (bei der Verreibung sind es 10 Verreibungen). Je höher ein Arzneistoff potenziert ist, desto höher wird seine Energie. Je tiefer ein Arzneistoff potenziert ist, desto »urstofflicher« wird er sein.

Die verschiedenen Potenzen

D-Potenzen sind im Verhältnis 1:9 = 10 hergestellt (Dezimal-Skala):
1 Teil Arzneiurstoff und 9 Teile Trägerstoff (Alkohol, Rohr-/Milchzucker).
C-Potenzen sind im Verhältnis 1:99 = 100 hergestellt (Centesimal-Skala),
1 Teil Arzneiurstoff und 99 Teile Trägerstoff.
Q-Potenzen sind 50.000er-Potenzen, die in einem komplizierten Verfahren hergestellt werden. Das Q steht für Quinquagintamillesimal (50.000).
LM-Potenzen (L = 50, M = 1.000) sind auch 50.000er-Potenzen, wobei sich Q- und LM-Potenzen in ihrer Herstellung pflanzlicher Urstoffe voneinander unterscheiden.

Tiefe, mittlere, hohe Potenzen
Tiefe Potenzen: D1 bis D6 / C1 bis C3
Mittlere Potenzen: D8 bis D12 bzw. D21 / C4 bis C10
Hochpotenzen: ab D30 und C30 und weit höher
Q- und LM-Potenzen gehören im Prinzip zu den Hochpotenzen, können aber etwas häufiger als diese wiederholt werden.
Wirkungsebene: Eine sehr allgemeine, aber mitunter hilfreiche Richtlinie lautet: Tiefe Potenzen wirken organotrop (auf Organebene), mittlere Potenzen wirken funktiotrop (auf Ebene organischer Funktionen), Hochpotenzen wirken personotrop (auf die Gesamtheit von Geist, Seele und Körper).

Arzneiformen

Das Zeichen Ø steht für Urtinktur oder Ursubstanz;
dil. (Dilutio)   = Lösung/Tropfen;
tabl. (Tabuletta) = Tablette;
glob. (Globuli)   = Streukügelchen;
trit. (Trituratio) = Verreibung (z. B. Pulver)
1 Tablette entspricht 5 Streukügelchen oder 5 Tropfen. Homöopathische Arzneien gibt es auch in Form von Ampullen (für Injektionen), Salben, Externa, Augentropfen, Zäpfchen (Suppositorien).

Arten der Anwendung homöopathischer Arzneien

Verabreichen Sie Ihrem Hund vorzugsweise Globuli oder Tabletten, da Tropfen hochprozentigen Alkohol enthalten. Möchten Sie Ihrem Hund lieber Tropfen verabreichen, so lösen Sie Globuli oder Tabletten in 1 cl Wasser auf und verwenden zum Einträufeln von Tropfen oder aufgelösten Globuli einen Plastiklöffel, eine Pipette oder Einmalspritze ohne Kanüle.

Die Aufnahme homöopathischer Arzneien ist durch die Schleimhaut der Maulhöhle am sichersten. Entscheiden Sie, welche Art der Anwendung für Ihren Hund geeignet ist.

Globuli und Tabletten: 1. Tablette/Globuli auf die Hand legen und vom Hund abnehmen/ablecken lassen. Vorsichtige Hunde nehmen die Tablette/Globuli auch aus den Fingerspitzen. 2. Auflösen von Tabletten/Globuli in etwas Wasser und gut umrühren, Lefzentasche seitlich etwas wegziehen und einträufeln. 3. Wie bei 2., hier mittels Einmalspritze ohne Kanüle durch die Zähne. spritzen. 4. Lösung auf ein Stück trocken Brot oder Trockenfutter geben und füttern. 5. Einschieben der Tablette oder direktes Eingeben/Einwerfen der Globuli ins Maul. 6. Legen der Tablette auf die hintere Zunge. 7. Notfalls Globuli/Tablette auflösen und in den Wassernapf (1/8 l Füllung) geben.

Tropfen: 1. Die Lefzentasche seitlich am Mauls etwas wegziehen, einträufeln der Tropfen oder der in Wasser verdünnten Tropfen. 2. Tropfen oder in Wasser verdünnte Tropfen auf ein Stück trocken Brot/Trockenfutter geben und füttern. 3. Tropfen in etwas Wasser seitlich durch die Zähne spritzen (Einmalspritze). 4. Notfalls die Tropfen auch in den Wassernapf (1/8 l Füllung) geben.

Durch die Haut: Anwendung von Salben oder Tinkturen, die homöopathische Arzneien enthalten.

Injektion: Unter die Haut (s.c.), ins Muskelgewebe (i.m.), in die Blutbahn (i.v.): Wird von Sachkundigen gemacht, wenn z. B. die orale Gabe nicht möglich ist oder weil eine raschere Wirkung vermutet wird.

Durch die Darmschleimhaut: Einführen von Zäpfchen in den After, welche eine oder mehrere angezeigte homöopathische Arzneien enthalten.

Durch die Muttermilch: Der Welpe erhält seine angezeigte Arznei durch die Milch der Mutter. Hilfreich bei einem großen Wurf und wenig Zeit.

Verabreichung vor oder nach Fütterung ?

Die Faustregel lautet: Homöopathische Arzneien sollten im Idealfall nur in ein Maul gelangen, das frei von Futter ist. Die Zeitspanne von ca. 1 Stunde nach oder vor Fütterung ist angemessen.

Dosierung

»Gabe« einer homöopathischen Arznei

In diesem Buch finden Sie den Begriff »Gabe« (1 Gabe = 1 Dosis einer Arznei). Die Größe einer Gabe (Dosis) einer Arznei wird in der Homöopathie nicht nach dem Körpergewicht bemessen. Ist die ähnlichste Arznei für Ihren Hund gefunden, dann wirkt sie in der kleinstmöglichen Gabe (Dosis). »Wenig ist viel«, sagte Dr. Hahnemann zur Dosis, und das gilt auch für Hunde, wodurch große und kleine Hunde eine gleich große Gabe je Arznei erhalten. **Beispiel zur Dosierung im Buch:** 2–3-mal täglich, max. 6 Gaben. Damit ist gemeint, dass Sie Ihrem Hund von der Arznei insgesamt 6 Gaben geben können, z. B. 2-mal täglich an 3 Tagen oder 3-mal täglich an 2 Tagen. Oder aber es tritt nach 3 Gaben schon Besserung ein, so dass Sie die Arznei absetzen. Das »max.« (maximal) ist ein Richtwert der Höchstdosis für diejenige Arznei.

1 Gabe einer Arznei in niedriger, mittlerer, hoher Potenz

ist für Welpen, Zwergrassen, mittelgroße und große Hunde gleich: 5–6 Globuli oder 5–6 Tropfen.

1 Gabe einer Arznei in LM- oder Q-Potenz

ist beim Welpen, Zwergrassen, mittelgroßen und großen Hunderassen gleich: 6–10 Streukügelchen oder 6–10 Tropfen.

1 Gabe einer Arznei »in Wasser« verrührt oder verschüttelt

ist beim Welpen, Zwergrassen, mittelgroßen und großen Hunderassen gleich: je 1–2 ml der Arznei »in Wasser« (siehe wie folgt).

Dosierung »in Wasser«

Wann anzuwenden: 1. Wenn Sie im akuten Fall die Arznei statt in niedriger oder mittlerer nur in hoher Potenz zur Hand haben und eine mehrmals tägliche Eingabe angezeigt ist. **2.** Wenn Sie im chronischen Fall eine Hochpotenz über mehrere Tage verteilt geben möchten. **3.** Wenn Sie für Ihren Hund eine sehr sanfte Dosierung befürworten.

Herstellung: Nach 2 Tagen erneuern. 100 ml Wasser in ein Glas oder eine Flasche (sauber) füllen. Darin 5 Globuli oder 1 Tablette oder 5 Tropfen auflösen, mit einem Plastiklöffel gründlich verrühren (oder kräftig schütteln). **Anwendung:** Sie verabreichen Ihrem Hund mittels Pipette oder Einmalspritze ohne Kanüle 1 Gabe (1–2 ml) derjenigen Arznei (siehe »Arten der Anwendung«, Seite 11). Vor jeder Anwendung muss die Lösung gerührt oder geschüttelt werden! Trocken, kühl, dunkel und abgedeckt aufbewahren.

Hinweis zur Dosierung

Nicht selten erhalten Hunde etliche Gaben einer oder mehrerer Arzneien in mittlerer oder hoher Potenz (selbst durch ausgewiesene Therapeuten). Dieses Vorgehen entspricht nicht der Homöopathie! Außerdem prüfen somit einige Hunde die jeweiligen Arzneien und erleben dann schließlich die jeweiligen Arzneisymptome, wie z.B. ein Hund, dem durch fortlaufende Gabe eine gutartige Geschwulst gewachsen ist, welche die verabreichte Arznei in ihrem Arznei hat (das passende Gegenmittel brachte sofortige Abheilung). Dem Hund wird vor allem Schaden zugefügt, wenn er eine oder mehrere Arzneien über Wochen erhält. Und wer will als Laie beurteilen können, was Krankheitssymptome und was Arzneisymptome sind. Bitte beachten Sie die Richtwerte zur Dosierung der einzelnen Arzneien!

Wiederholung der homöopathischen Arznei

Faustregel: Je akuter die Beschwerden Ihres Hundes, desto häufiger können Sie ihm die passende Arznei geben (je ¼- oder ½-stündlich, stündlich oder 2-stündlich, oder 2–4-mal täglich). Passt die Arznei, dann wirkt sie meistens rasch. Bessern sich die Beschwerden, wird die Arznei abgesetzt! Sie geben bei akuter Erkrankung nicht mehr als maximal 10 Gaben. Je chronischer die Erkrankung Ihres Hundes, desto seltener sollte der Hund seine oft hochpotenzierte Arznei erhalten (z. B. 1-mal täglich über 1–3 Tage). Bessert sich im chronischen Fall der Allgemeinzustand Ihres Hundes, wird dieselbe Arznei oder die nächstähnliche Arznei oft erst nach etwa 2–5 Wochen wiederholt bzw. gegeben. Chronische Prozesse brauchen ihre Zeit.

Antworten auf häufig gestellte Fragen

Welche Reaktionen sind nach Arzneigabe zu erwarten?

Erstreaktion: Nach homöopathischer Arzneigabe kann gelegentlich eine Erstreaktion auftreten, die aber nicht gefährlich ist, sondern zeigt, dass der Organismus Ihres Hundes auf die Arznei reagiert und seine Selbstheilungskräfte mobilisiert. Es ist ein gutes Zeichen, das zeigt, dass die Arznei zunächst passt. Warten Sie mit der nächsten Gabe bis diese Reaktion abgeklungen ist. Bei akuter Erkrankung ist eine Erstreaktion entbehrlicher und oft von sehr kurzer Dauer; im weniger akuten und chronischen Fall kann sie wenige Stunden bis zu zwei Tagen andauern. Ist die Erstreaktion zu stark, liegt es oft an einer unpassenden Potenz oder/und einer zu großen Arzneigabe. Geben Sie die nächste Arzneigabe »in Wasser« (siehe Seite 12).

Die Arznei hilft: Das Befinden des Hundes bessert sich deutlich, körperlich und seelisch. Zuerst tritt oft eine Besserung des Allgemeinbefindens ein, gefolgt von Besserung der Beschwerden, die Ihrem Hund eigen sind. Anfängliche Müdigkeit und Ruhe sind positive Zeichen. Es kann – selten im akuten, häufiger im weniger akuten und chronischen Fall – eine Zunahme von Absonderungen stattfinden. Es kann zum vermehrten Heraustreten/Abschuppen von unterdrückten Hautausschlägen, zum vermehrten Absatz von Urin und/oder Kot oder Aushusten von Schleim kommen (je nach Art der Erkrankung und Konstitution). Der Körper »reinigt« sich sozusagen.

Die Arznei hilft anfangs gut, dann nicht mehr: Nach der 1., 2. oder 3. Gabe können sich die Symptome Ihres Hundes verändert haben. Überprüfen Sie, ob eine neue Arznei zu wählen ist, die mehr Ähnlichkeit mit seinen aktuellen Symptomen hat.

Die Arznei hilft nicht eindeutig: Dafür kann es mehrere Gründe geben, vor allem im chronischen Fall. Aber oft hat die Arznei nicht vollständig zum Beschwerdebild des Hundes gepasst. Im akuten Fall muss sofort die nächste, jetzt ähnlichste Arznei gewählt werden. Passiert dies im chronischen Fall, sollten Sie mehrmaligen Wechsel vermeiden und besser einen erfahrenen Homöopathen hinzuziehen.

Die Arznei hilft nicht: Die Beschwerden bleiben bestehen und verschlechtern sich. Dann ist meistens die Arznei nicht passend und eine neue Arzneiwahl ist erforderlich. Bitte auch die Erstreaktion beachten! Es gibt auch chronisch Kranke, bei denen keine homöopathische Arznei Wirkung zeigt. Hier muss unbedingt ein erfahrener Homöopath zu Rate gezogen werden.

Kann ich mehrere homöopathische Arzneien auf einmal geben?

Bei akuter Erkrankung sind zwei und ggf. drei homöopathische Arzneien erlaubt, die im Wechsel gegeben werden können (möglichst in einer Potenzhöhe). Durch den Wechsel können Sie nachvollziehen, welche Arznei Wirkung zeigt. Dennoch sollten zwei und ggf. drei Mittel besser die Ausnahme bleiben, denn gemäß der Ähnlichkeitsregel ist lediglich die ähnlichste Arznei zu verwenden.

Kann ich neben Homöopathie andere Therapieformen anwenden?

Naturheilmittel (z. B. Bachblüten, Heilpflanzen, ätherische Öle) können neben Homöopathie angewandt werden, wenn sie keinen Kampfer, keine Kamille und Minze enthalten, da diese die Wirkung homöopathischer Arzneien stören bis aufheben können.

Mittel der Schulmedizin können neben Mitteln der Homöopathie angewandt werden, aber besser in Absprache mit dem Tierarzt. Der Einsatz von

Hormonen und Kortison kann die Wirkung der Homöopathie erheblich stören, wobei die daraus resultierenden Nebenwirkungen und künstlichen Folgekrankheiten teils recht gut mit Homöopathie zu bereinigen sind.

Hilfe zur Arzneifindung

Ihr Hund hat sich erbrochen, sogar mit Durchfall, der dünnflüssig ist und ziemlich übel riecht. Im besten Fall wissen Sie den Auslöser: Ihr Hund hat am Wassergraben gestöbert, dessen Wasser gammelig aussieht und unangenehm riecht, und hat wahrscheinlich oder offensichtlich daraus getrunken. Sie finden im Inhaltsverzeichnis »Erbrechen«, blättern unter »Erbrechen durch Futter, Verdorbenes, Medikamente« nach und finden *Arsenicum album* für Ihren Hund passend.

Durch Gammeliges; Trinken aus Tümpeln, Gräben, Pfützen; durch Eiskaltes!, Käse; evtl. mit Durchfall (dünnflüssig, übler Geruch).

Arsenicum album
Dosierung: C30, stündlich, max. 5 Gaben

Sie beobachten, welche Symptome Ihr Hund äußert, und überlegen, was seine Erkrankung »ausgelöst« haben kann (z.B. Kälte, Nässe), denn der »Auslöser« ist an erster Stelle wertvoll! Ähnlich wertvoll wie der »Auslöser« sind alle Symptome Ihres Hundes, welche für die Art der Erkrankung ungewöhnlich oder auffallend sind – das Gleiche gilt für das individuelle Verhalten Ihres Hundes, wenn dieses ungewöhnlich und auffallend ist. Dann beachten Sie die »Bedingungen« (wodurch/wann werden seine Beschwerden besser oder schlechter). Die tierärztliche Diagnose ist zu empfehlen!
Sie finden im Ratgeber zu den Krankheiten beim Hund meistens mehrere Arzneien und daneben ihre Arzneisymptome bei dieser Krankheit. Einige Symptome (z.B. Erbrechen, Durchfall) zu der Erkrankung sind gemäß »Auslöser« aufgeführt. Unter vielen Arzneien lesen Sie deren Bedingungen, bei anderen einen kurzen Hinweis zu deren Arznei-Typ und bei weiteren Arzneien deren besondere Beziehung zu dem/den Organ/en.
Sie schlagen nun unter dem jeweiligen Krankheitsteil nach, vergleichen die Symptome Ihres Hundes mit den Arzneisymptomen der jeweiligen Arznei und wählen die passende Arznei.

DIE HOMÖOPATHISCHE APOTHEKE

Um die passenden Mittel für Ihren Hund zur Hand zu haben, empfiehlt sich eine Taschenapotheke mit häufigen homöopathischen Arzneien. Taschenapotheken gibt es im Handel in mehreren Größen und Preislagen (gefüllte und leere). Die bereits gefüllten Taschen enthalten Glasröhrchen mit Arzneien in hohen oder niedrigen Potenzen, aber Sie können sich die Röhrchen auch nach Ihren Wünschen füllen (lassen). Wenn Sie bereits eine gut bestückte Apotheke in D- oder C-Potenzen besitzen, so lesen Sie bitte die Angaben zu Dosierung »in Wasser« (Seite 12). Im Folgenden finden Sie meinen Vorschlag für die kleine Notfallapotheke und die große Hausapotheke in Anlehnung an dieses Buch.

18 Arzneien für die Notfallapotheke

Aconitum C30, C200	Schock, Folgen von Schreck/Schock; hohes Fieber
Apis C30	Insektenstich, Ödeme, Entzündung
Arnica C30, C200	Verletzungen; Überanstrengungen; Kreislauf; nach Geburt
Arsenicum album C30	Durchfall; Futtervergiftung; gefrorenes Futter; Sepsis
Belladonna D8, C30	Häufiges Mittel akuter Erkrankungen; Sonnenbrand
Chamomilla D6	Folgen von Zahnung/wechsel; Hautentzündung
Cantharis D6	Harnwegsinfekt, akut
Cocculus D6	Reisekrankheit: Auto, Bahn, Schiff, Flugzeug
Drosera D8	Ein wichtiges Hustenmittel; heftige, häufige Anfälle
Euphrasia D6	Akute Augenentzündung; Verletzung
Hepar sulfuris D12	Eiterungen aller Art, Entzündung: Kehlkopf, Luftröhre
Hypericum D12	Verletzung von Nerven, Dackellähme; Bandscheibe
Lachesis D8, C30	Schwere Infektionen, Streuung in die Blutbahn
Ledum D6	Stichwunden; Insektenstich
Nux vomica D6, C30	Folgen von Futtermitteln; Magen/Darm; Dackellähme
Pyrogenium C30	Septische Prozesse, faulige Sekrete, nach Geburt
Rhus toxicodendron D12, C30	Verstauchung, Zerrung, Überlastung
Bachblüten Rescue Remedy	Notfalltropfen: Panik, Stress

Aufbewahrung: Homöopathische Arzneien gehören an einen kühlen, trockenen, dunklen Ort und nicht in die Nähe von ätherischen Ölen oder ähnlichen Geruchsquellen. Auch sollten sie für Kinder unzugänglich aufbewahrt werden.

Für die große homöopathische Hausapotheke für Ihren Hund empfehle ich 57 Arzneien verschiedener Potenzen, die in diesem Buch aufgeführt sind, und womit Sie den größten Teil der häufig auftretenden Beschwerden des Hundes selbst oder begleitend behandeln können.

57 Arzneien für Ihre große Hausapotheke

Abrotanum D4

Aconitum C30

Ambra D6, C30

Allium cepa D6

Apis D6, C30

Argentum nitricum D12, C30

Arnica C30, C200

Arsenicum album D12, C30

Belladonna C30

Bryonia D6

Borax D6

Calcium carbonicum D12, C30

Calendula D6

Cantharis D6

Carbo vegetabilis C30

Causticum D12

Chamomilla C30

Cocculus D6

Crategus D2

Drosera D6

Dulcamara D6

Euphrasia D4

Ferrum phosphoricum D12

Gelsemium D12, C30

Graphites C30

Hepar sulfuris D12, C30

Hyoscyamus C30

Hypericum D4, D6

Ipecacuanha D6

Kalium carbonicum D6

Lachesis C30

Ledum D6

Lycopodium C30

Lyssinum C30

Mercurius solubilis D12, C30

Naja tripudians C30

Natrium chloratum C30, C200

Natrium sulfuricum D6, D12

Nux vomica D6, C30

Opium C30

Phosphorus D12, C30

Phytolacca D6,

Pulsatilla D6, C30

Pyrogenium C30

Rhododendron D6

Rhus toxicodendron D12, C30

Rumex D6

Ruta D6

Silicea D6, D12, C30

Spongia D6, C30

Staphisagria C30

Stramonium C30

Sulfur C30

Symphytum D2

Tatarus emeticus D6

Thuja C30

Urtica Urtinktur, D1

Empfehlenswerte Tinkturen, Salben, Augentropfen

Äußerlich

Echinacea-Salbe	Bei schlecht heilenden Wunden!, Ekzem, Hautpilz (bestellen; häufig nur über internationale Apotheken möglich)
Traumeel-Salbe	Bei Hautentzündungen, Verletzungen
Cardiospermum-Salbe	Bei Juckreiz, allergischen Hautbeschwerden
Calendula-Salbe/Tinktur	Bei Quetschung, Riss, frischen und alten Wunden
Symphytum Extern-Salbe	Bei Verletzung der Knochenhaut, Sehnen
Hypericum-Öl/Tinktur	Bei Verletzungen von nervenreichem Gewebe
Hamamelis-Salbe	Bei Analdrüsenentzündung, kleinen Blutungen

Innerlich

Euphrasia-Augentropfen	Bei Entzündung/Verletzung der Binde- und Hornhaut
Hamamelis-Zäpfchen	Bei Analdrüsenentzündung, -abszess
Urtica Urtinktur	Zur Entgiftung, Stoffwechselstörungen, zu viel Eiweiß
Taraxacum	Bei Leber-Gallebeschwerden, unterstützend, entgiftend
Carduus marianus	Bei Leberbeschwerden, auch Galle, entgiftend

Bezugsquelle für Taschenapotheken
Homöopathie-Versand; Frau Holle; München; Tel: 089-7911 717,
www.homoeopathie-versand.de, Fax: 089-7911 771. Gute Auswahl von
Taschenapotheken, individuelle Beratung.

Bezugsquelle für die Füllung mit Arzneien
Klösterl Apotheke; Herr Zeise; München; Tel: 089-54343 219;
www.kloesterl-apotheke.de; Fax: 089-54343 219.
Gutes Sortiment, große und kleine Mengen, auch Gläschen bis zu 50 g.

Hinweis: Das Zeichen * steht im Buch hinter einigen homöopathischen
Arzneien, die Sie in den vorgestellten Haus- und Notfallapotheken nicht
finden. Die Nosode Lyssinum ist über Ihre Apotheke von Meripharm Baden-
Baden oder von der Altstadtapotheke Amberg zu beziehen; ansonsten
potenzieren Sie den Tollwut-Impfstoff.

ERSTE HILFE DURCH HOMÖOPATHIE

Unabhängig davon, ob es sich um Fieber oder um eine Verletzung handelt, weswegen Sie mit dem Hund zum Tierarzt müssen oder nicht, können Sie mit Homöopathie Erste Hilfe leisten. In diesem Kapitel finden Sie homöopathische Arzneien, die anzuwenden sind, bis sachkundige Hilfe bereitsteht, oder auch als begleitende und nachfolgende Maßnahme. Um Ihnen möglichst viele Arzneien vorstellen zu können, wurde auf die Beschreibung der einzelnen Erscheinungsbilder verzichtet. Erste Hilfe für den seelischen Schock für Hund und Mensch: 2–4 Tropfen Bachblüten Rescue Remedy.

Ruhewerte beim Hund

Atemfrequenz

Kleine Hunde und Welpen	30–50-mal pro Minute
Große Hunde	20–30-mal pro Minute

Herzschlag

Kleine Hunde und Welpen	80–120-mal pro Minute
Große Hunde	ca. 80-mal pro Minute

Körpertemperatur

Kleine Hunde und Welpen	38,5°–39,5° C
Große Hunde	37,5°–39,2° C

(Bei heißem Wetter, großer Aufregung und Anstrengung kann die Temperatur ca. um ein halbes Grad ansteigen.)

Fiebermittel

Fieber mit Unruhe und Angst, oft hohes Fieber, stürmischer Beginn einer Erkrankung; Puls rasch, voll, kräftig; viel Durst, berührungsempfindlich.

Aconitum
Dosierung: C30, ¼-stündlich, max. 4 Gaben

Fieber mit Hecheln, der Hund ist heiß und schwitzt, vor dem Fieber oft gereizt, heftig oder wie benommen, plötzliches Fieber, z. B. durch Kaltwerden, bei Entzündung.

Belladonna
Dosierung: C30, ¼-stündlich, max. 5 Gaben

Ferrum phosphoricum
Dosierung: D12,
½-stündlich, oder
2–3-mal täglich,
max. 10 Gaben

Fieber wird kaum bemerkt, der Hund ist evtl. munter, aber heiß, oder aber matt, sonst keine körperlichen Anzeichen, teils hohes Fieber, oft verschleppte/wiederkehrende Krankheit.

Chamomilla
Dosierung: C30,
stündlich,
max. 6 Gaben

Fieber der Jungen, besonders bis zum halben Jahr, Hund ist unleidlich, bockig, teils widerwärtig-trotzig, Kopf ist heiß. Vor allem durch Kaltwerden, Zahnung/wechsel.

Lachesis
Dosierung: C30 in
Wasser, ½-stündlich,
max. 7 Gaben

Septisches Fieber, schwere Infektionen, Streuung von Erregern/Toxinen in die Blutbahn, Herz-Kreislaufschwäche, viel Durst, weniger Hecheln, eher trockenes Fieber.

Verletzungen im/am Auge

Immer sofort zum Tierarzt! Die Homöopathie hat sich hier begleitend sehr bewährt!

Arnica
Dosierung: C30,
¼-stündlich, max.
7 Gaben, oder nachträglich 2-mal täglich,
max. 4 Tage

Bestens bei Augenverletzung durch Trauma, gemeinsam mit *Euphrasia*! Beide können Trübungen nach Hornhautverletzung vorbeugen und sie nachträglich aufhellen.

Euphrasia
Dosierung: D6,
¼-stündlich, dann
2–3-mal täglich

Hornhautwunden; nachweislich sehr gut wirkend, wenn baldmöglichst gegeben; viel Tränenfluss nach Verletzung; auch schleimige Absonderung.

Staphisagria
Dosierung: C30 in
Wasser, 4-mal täglich,
max. 3 Tage

Nach Schnittverletzung, nach Augenoperation (auch Laser), jede schneidende Durchtrennung. Gemeinsam mit *Euphrasia*.

Ruta
Dosierung: D6, 4-mal
täglich, ca. 1 Woche

Knochenhaut: Angezeigt, wenn die Haut der um die Augenhöhle befindlichen Knochen (mit) verletzt ist; gut gemeinsam mit *Arnica*.

Verletzung durch Fremdkörper, auch Folgen von Schock (zurückliegender: C200, 1-mal täglich, max. 3 Tage).

Aconitum
Dosierung: C30, akut ½-stündlich, max. 5 Gaben

Wunden durch Stich

Passt auch zu *Staphisagria* (Wunden durch Schnitt).

Stichwunden aller Art, Insektenstiche, Spritzenabszess; Stiche durch spitze Gegenstände. Kann sehr anschwellen, sich auch entzünden.
Verschlechterung: Wärme und Hitze.

Ledum
Dosierung: D6, 4-mal täglich, max. 5 Tage

Insektenstich, auch Stichwunden mit evtl. großer Schwellung (teigartig, weich, wie ein Ballon, stark angespannt). Bei Bienenstich C200 oder besser *Ledum* und *Aconitum*.
Verschlechterung: Jede Wärme!

Apis
Dosierung: C30 in Wasser, ½-stündlich, max. 7 Gaben

In nervenreiches Gewebe, vor allem Kopfbereich, Geschlechtsteile, kann Infektionen vorbeugen. Auch bei Prellung, Quetschung, z. B. der Wirbelsäule.

Hypericum
Dosierung: D6, 3–5-mal täglich

Wunden durch Schnitt

Schnitt-Wunden; »Einschnitte«, Kastration und ihre Folgen, zur Verbesserung der Darmtätigkeit nach Darmoperation; in Folge Insekten-/Flohstichen (D3, 2–3-mal täglich).

Staphisagria
Dosierung: D6, 4–8-mal täglich, oder C30 in Wasser, max. 8 Gaben

Blutige Wunden, Wunden mit Blutaustritt, Blutergüsse; zur Beschleunigung der Gerinnung; Verhütung von Wundinfektionen.

Arnica
Dosierung: C30, 2-stündlich, max. 6 Gaben

Wunden durch Riss, Quetschung

Passt auch zu *Hypericum* (Wunden durch Stich).

Arnica
Dosierung: C30,
2-stündlich,
max. 6 Gaben

Frische Wunden, Blutaustritt, Weichteile, Trauma durch Verletzungen, Hautrisse; Quetschungen (gerne mit *Bellis*, *Calendula*), zur Heilung nach der Geburt!

Calendula
Dosierung: D6,
3–8-mal täglich,
max. 10 Gaben

Risswunden, Quetschungen mit Gewebezerstörung, mit Einblutung ins Gewebe; schlechte Wundheilung; frische/alte Wunden. Äußerlich: Salbe/Tinktur (1:10 mit Wasser).

Bellis perennis*
Dosierung: D6,
akut 2-stündlich,
oder 2–3-mal täglich,
max. 10 Gaben

Quetschungen aller Art; auch gut nach chirurgischem Eingriff (Rumpf), nach schwerer Geburt, zur Heilung nach Operation der Weichteile, nach Kastration.

Hamamelis*
Dosierung: D4,
2-stündlich, oder
2–4-mal täglich,
max. 10 Gaben

Dunkle Blutung, die immer wieder sickert, frische oder entzündete Wunden; auch äußerlich als Tinktur (1:12 mit abgekochtem Wasser) oder als Salbe (10%ig).

Wunden, die eitern

Mercurius solubilis
Dosierung: D12, stündlich, max. 8 Gaben,
oder 4-mal täglich,
2 Tage

Drohende Eiterung bei Entzündung, Pyodermien; blutige, nässende, schmierige, ätzende Wunden, die zu eitern drohen!, oft stark geschwollen aktive Entzündung, oft überriechende Sekrete.

Hepar sulfuris
Dosierung: D12,
4-mal täglich,
max. 10 Gaben

Wenn der Eiter kommt, bei Eiterung (Entzündung/Pyodermien), auch zur Nachbehandlung. D6 kann den Eiterprozess fördern, ab D12 wird Eiterung verhindert.

Zu langwierige Eiterung, subakute bis chronische Eiterung, zur Ausheilung, Einschmelzung eitriger Prozesse, Abszesse (auch zur Nachbehandlung).

Silicea
Dosierung: D12, 3-stündlich, max. 10 Gaben

Wunden, die eitern (schlechtes Allgemeinbefinden)

Die Mittel sind auch gemeinsam mit Antibiotika anzuwenden und gut wirksam.

Lokale Infektion; Mattigkeit, evtl. auch mit Unruhe, oft Fieber, Streuung von Erregern/Toxinen in die Blutbahn, schmierig-blutige-eitrige Absonderung, übler Geruch.

Lachesis
Dosierung: C30, stündlich, max. 5 Gaben

Allgemeininfektion, hohes Fieber/langsamer Puls oder kaum Fieber/rascher Puls, Sepsis, Schwellung der Haut, Sekrete: blass, grau-grün, sehr übler bis fauliger Geruch. Gemeinsam mit *Lachesis*.

Pyrogenium
Dosierung: C30, stündlich, max. 4 Gaben

Verletzung: Schlag, Prellung, Sturz

Weichteile mit Bluterguss ins Gewebe (1. Mittel), auch bei Gehirnerschütterung (Hund wirkt wie betäubt).

Arnica
Dosierung: C30, 2-stündlich, max. 6 Gaben

Nervenreiche Körperpartien, mit großen Schmerzen, vor allem Kopfbereich, Rückenmark, gut bei Gehirnerschütterung.

Hypericum
Dosierung: D6, 3–6-mal täglich, max. 10 Gaben

Muskeln; Sehnen, evtl. gemeinsam mit *Arnica* oder *Ruta*, Bewegungsdrang trotz Schmerzen. Lahmgehen bessert sich mitunter beim Gehen.

Rhus toxicodendron
Dosierung: C30 in Wasser, 3-mal täglich, max. 3 Tage

Knochenhaut, Gelenke, Sehnen, auch Schleimbeutel, Schwäche, Lahmgehen wird schlimmer durch jede Anstrengung. Gerne mit *Rhus toxicodendron*.

Ruta
Dosierung: D6, 3-mal täglich, max. 5 Tage

Symphytum*
Dosierung: D3, 3-mal täglich, max. 14 Tage

Knochen, Knochenhaut sowie Gelenke, jede Knochenverletzung; 1. Mittel zur Mit-/Nachbehandlung nach Knochenbruch!

Ledum
Dosierung: D6, 3–5-mal täglich, maximal 10–12 Gaben

Untere Gliedmaßen, Prellung mit Bluterguss vor allem in den kleineren Gelenken, Schwellung und deutlicher Besserung (Schmerz, Lahmgehen) durch kalte Umschläge!

Verletzung: Zerrung, Verstauchung, Überanstrengung

Arnica
Dosierung: C30 in Wasser, 3-mal täglich, max. 6 Gaben

Überanstrengte Muskeln, auch Sehnen, auch Zerrungen/Verstauchungen und Folgen davon, Lahmgehen, auch so, als hätte der Hund Muskelkater, mag keine Berührung.

Rhus toxicodendron
Dosierung: C30 in Wasser oder D12, 3-mal täglich, max. 8 Gaben

Gezerrte Muskeln und Sehnen, auch Verstauchung/Überanstrengung, oft schlechter im Beginn des Gehens, Besserung bei leicht fortgesetztem Gehen; Ruhelosigkeit.
Verschlechterung: Stillstehen, Kälte, Nässe.

Ruta
Dosierung: D6, 3-mal täglich, max. 6 Tage

Gelenke und Sehnen, Sehnenzerrung, chronisch überanstrengte Sehnen!, verstauchte Gelenke (bes. untere Gliedmaßen), Verrenkung, Schwellung; schwache Gelenke.

Bryonia
Dosierung: D6, 4-mal täglich, max. 4 Tage

Muskeln und Sehnen sowie Gelenkkapseln, Verstauchung; geht lahm, bewegt sich nicht oder stocksteif, jede Bewegung schmerzt!, läuft sich nicht ein.

Folgen von Impfungen

Thuja
Dosierung: C30, je 2-mal, vor/nachher

Vor und nach jeder Impfung, vor allem Kombiimpfung, auch allein Tetanus, allein Tollwut; z. B. Schwellung (z. B. Beine), Mattigkeit, Husten!, Durchfall, Augenkatarrh, Atembeschwerden. 5 Tage. Hilfreich ist auch, den Impfstoff zu potenzieren (siehe Seite 10).

Vorher und nachher, vor allem wenn Hund sehr Angst vor Spritzen hat; danach z. B. Angst, Durchfall, Beschwerden: Haut, Bewegungsapparat, Schwellungen (z. B. Einstich).

Silicea
Dosierung: C30,
je 2-mal, vor/nachher

Tollwut, sehr hilfreich; viele Hunde haben nach Tollwutimpfung mehr Zecken als sonst; haben ungewohnt Angst vor Wasser. Mit *Ledum* D6, 2-mal täglich, 5 Tage.

Lyssinum
Dosierung: C30/C200,
3-mal nachher

Vor allem Atmungsapparat, auch Beschwerden der Haut, des Darms nach Impfung, gerne im Wechsel mit *Thuja*.

Sulfur
Dosierung: C30,
4-mal nachher

Folgen von Narkose

Vor und nach jeder Operation, beste Vorbeugung, damit die Wunden gut heilen, auch vorbeugend vor Bluterguss nach Einblutung ins Gewebe.
Hinweis: Passt zu jedem der folgenden Mittel.

Arnica
Dosierung: C30,
2-mal vorher,
2-mal nachher

Wie berauscht, wie betäubt, wird nicht recht wach, evtl. zu hoch dosiertes Narkosemittel, jault, gibt anders Laut; Harnverhalten ist gut möglich.

Opium
Dosierung: C30,
2–3-mal

Magen-Darmprobleme nach der Narkose, bewährt, wenn der Hund danach keinen Kot absetzen kann, evtl. auch bei Harnverhalten; Erbrechen, klammes Gehen, wie verkrampft ist möglich.
Hinweis: Passt zu *Opium*.

Nux vomica
Dosierung: D6,
½-stündlich,
max. 10 Gaben

Leidet sehr stark, jault und gibt leidende Laute von sich, sobald er zu sich kommt. Lässt sich durch Nähe/Streicheln beruhigen, man muss direkt daneben sitzen; evtl. Zittern.

Chamomilla
Dosierung: C30,
½-stündlich,
max. 5 Gaben

Phosphorus
Dosierung: C30,
2-mal vorher,
2-mal nachher

Vor Narkose geben, das hilft sehr, sie ohne Probleme zu überstehen, nach Narkose passt *Phosphor* zu: kommt nur langsam zu sich, zittert, ist aufgeregt oder leicht verwirrt, evtl. Taumeln, Erbrechen.

Hyoscyamus
Dosierung: C30,
2-mal, evtl. ein 3. Mal

Völlig außer sich, Jaulen, Wimmern, Laute wie eine Katze, läuft verwirrt umher, kommt nicht zu sich, liegt wie bewusstlos, Folge von zu viel Narkosemittel.
Hinweis: Passt zu *Chamomilla*.

Folgen von starker Hitze, Sonne

Hund sofort in den Schatten bringen, Wasser geben, nasse Tücher, beruhigen.

Belladonna
Dosierung: C30,
alle 10 Minuten,
max. 4 Gaben

Sonnenbrand; sehr bewährt, sowohl Hautbrand als auch Überhitzung des Gehirns durch Sonne (ähnlich wie Sonnenstich), heiße Haut, matt, gereizt oder erregt.

Arnica
Dosierung: C30,
alle 10 Minuten,
max. 4 Gaben

Zusätzlich geben, zu *Belladonna*, da meist Herz-Kreislauf in Mitleidenschaft gezogen bzw. Überanstrengung gegeben ist, Apathie, Schwäche.

Lachesis
Dosierung: C30, alle 10
Minuten, max. 3 Gaben

Kreislaufschwäche, durch Aufenthalt in Hitze und Sonne, teils erhebliche Schwäche, wie Kollaps.

Glonium*
Dosierung: C30,
alle 10 Minuten,
max. 3 Gaben

Unruhe, Nervosität, auch Apathie und Teilnahmslosigkeit durch starke Sonne, wie Sonnenstich, starker, sehr pulsierender Herzschlag, ähnlich wie *Belladonna*.

Carbo vegetabilis
Dosierung: C30,
alle 10 Minuten,
max. 3 Gaben

Kreislaufschwäche mit Atemnot, durch schwüles, feucht-warmes bis heißes Wetter, der Hund ist völlig matt und atmet schwer; evtl. ängstliche Unruhe.

Bindehautentzündung (Konjunktivitis)

Häufige Ursachen: Bakterien, Fremdkörper (z. B. Staub, Haare), Zugluft, Verletzung, Kälte, Reibung, Viren, Pilze. Blinzeln, halboffenes Auge, Augenreiben (z. B. mit der Pfote), gerötete Bindehäute (auch geschwollene), klar-wässrige bis schleimig-gelbliche Absonderungen. Konjuktivitis kann eitrig und nicht-eitrig sein, und in Begleitung anderer Augenleiden und allgemeiner Infektionen auftreten.

Bindehautentzündung, mit Tränenfluss

Vermehrter Tränenfluss kann auch durch Verklebung des Tränennasenganges verursacht werden.

Reichlich Tränen, können die Haut unter den Augen sehr reizen; lichtempfindlich; Blinzeln; Juckreiz; Schwellung der Lidränder; Tränenfluss bei Erkältung.
Auslöser: Frost!, Kälte, Wind!, Verletzung.

Euphrasia
Dosierung: D4/D6, 2–4-mal täglich, max. 2 Wochen

Akuter Augenkatarrh, starkes Tränen, Rötung, licht- und berührungsempfindlich.
Verschlechterung: Berührung, Unterdrückung von Absonderungen.
Auslöser: Schneelicht/-luft, Nord/Ostwind, Verletzung.

Aconitum
Dosierung: C30, 1–3-mal täglich, max. 5 Gaben

Tränenreichstes Mittel mit Beziehung zum Tränen-Nasen-Kanal; Juckreiz, Schwellung, Hautreizung. Anhänglich, leidet auffallend, liebt den Trost.
Verschlechterung: Im Zimmer, Wärme.
Auslöser: Zugluft!, Wind!

Pulsatilla
Dosierung: C30 in Wasser, 1-mal täglich, max. 3–4 Tage

Allium cepa
Dosierung: D6, 2-mal
täglich, max. 5 Tage

Die Tränen laufen reichlich, sie machen aber
die Haut nicht wund; Blinzeln, lichtscheu.
Verschlechterung: Im Zimmer, in Wärme.

Natrium chloratum
Dosierung: C30,
1-mal täglich,
max. 3 Tage

Viel Tränenfluss, besonders im kalten Wind;
Hautreizung; Schwellung. Der reservierte Typ,
der gut allein sein kann, keine Nähe von Fremden mag, viel trinkt und Salziges liebt.
Auslöser: Kalter Wind, Frühjahr, Kummer.

Silicea
Dosierung: D6,
1–2-mal täglich,
max. 7 Tage

Viele Tränen, besonders im Freien; Schwellung
des Tränen-Nasen-Kanals, des Tränensackes;
Juckreiz. Viel gebraucht bei Allergien.
Auslöser: Zugluft!, Wind, Kälte.

Bindehautentzündung mit Tränen, Schleim

Euphrasia
Dosierung: D4,
2–4-mal täglich

Klar-wässrige Absonderungen, die oft Hautreizung verursachen; selten Eiter; lichtempfindlich; Blinzeln; Juckreiz; Schwellung der
Lidränder.

**Euphrasia-
Augentropfen**
Dosierung: 1–2-mal
täglich, 2 Tropfen in
den Bindehautsack

Helfen dem Hund bei Konjunktivitis.

Belladonna
Dosierung: C30 in
Wasser, 2-mal täglich,
max. 3 Tage

Heftige Entzündung; starke Rötung; sehr lichtscheu; Blinzeln, Zukneifen des Auges, Schütteln
des Kopfes ist möglich; wenig Tränen; viel Durst.
Gereiztes Verhalten vor dem Krankwerden.
Auslöser: Kaltwerden, Zugluft, starkes Sonnen-
licht.

Apis
Dosierung: C30 in
Wasser, 2-mal täglich;
max. 3 Tage

Glasiges Aussehen der Bindehaut/der Lider;
helle Rötung; viel Tränen, Schleim, Juckreiz;
mögliche, teigartige Schwellung des Lides,
um die Augen.
Verschlechterung: Wärme, Licht, Berührung.

Bindehautentzündung mit eitrigen Absonderungen

Starke Rötung; dunkelrot; Lider geschwollen; dünn-eitriger Schleim; Schwellung (Lider, innerer Augenwinkel) und Mattigkeit mit Unruhe ist möglich.

Argentum nitricum
Dosierung: D12, 2-mal täglich, oder C30 in Wasser, 2-mal täglich, max. 5 Tage

Der wechselhafte Typ, zu 95 % liebe, anhäng-liche Typ; rahmartige, auch dick-eitrige Absonderung; Augen morgens verklebt, Schleim hängt an den Augen, Lider häufig geschwollen rot; viel Juckreiz.
Besserung: Im Freien bei frischer Luft.

Pulsatilla
Dosierung: C30 in Wasser, 2-mal täglich, max. 5 Tage

Sehr berührungsempfindlich; schmerzempfind-lich, lichtscheu, Rötung, dicke gelb-eitrige, auch harte Absonderung; Krustenbildung an den Lidern ist möglich.
Verschlechterung: Berührung; kalte, trockene Luft; Kälte allgemein.

Hepar sulfuris
Dosierung: D12, 2-mal täglich, oder C30 in Wasser, 2-mal täglich, max. 5 Tage

Scharfe, wundmachende Absonderungen, die Hautreizung verursachen; dünn-eitriger Schleim; Blinzeln; sehr lichtscheu; Zukneifen der Augen.
Verschlechterung: Wärme und Kälte.

Mercurius solubilis
Dosierung: D12, 2-mal täglich, max. 5–6 Tage

Hochrote Bindehaut, auch Rötung der Lider; häufig erst Trockenheit, dann Tränenfluss; Schleim; Eiter; viel Juckreiz. Auch wiederkeh-rende Entzündung.

Sulfur
Dosierung: C30 in Wasser, 2-mal täglich, max. 5 Tage

OHREN

Entzündung des äußeren Gehörgangs (Otitis externa)

Ursachen: Häufiges Baden, Luftzug, Fremdkörper, Ohrmilben, Bakterien, Pilze, Allergien, Allgemeinerkrankungen, Hormonstörung. Erste Symptome: Kopfschütteln, Kratzen/Reiben im Ohrbereich, Schmerzlaute bei Berührung des Ohres, Unruhe, Kopfschiefhaltung. Später sind Ohrenschmalz-/-ausfluss mit/ohne (üble) Geruchsbildung, Anschwellung bis zu Eiterfluss und Fieber möglich. Äußerlich: Gründliche Reinigung des Ohrs mit Watte, dann auftragen von Calendula-Tinktur (1:5) mit sauberer Watte.

Entzündung des äußeren Gehörgangs, frühes Stadium

Belladonna
Dosierung: C30, ½-stündlich oder 2–3-mal täglich, max. 5 Gaben

Plötzliche Beschwerden (Kratzen, Reiben oder/und Kopfschütteln), oft heftig, in Wellen wiederkehrend; Unruhe; (sehr) berührungsempfindlich; Rötung; Wärme; wenig Durst.
Verschlechterung: Erschütterung; Wetterwechsel; Kälte.
Auslöser: Baden; Abkühlung nach Warmwerden.

Ferrum phosphoricum
Dosierung: C30 in Wasser, ½-stündlich, max. 6 Gaben

Geben, wenn Belladonna versagt; wenig lokale Symptome, aber z. B. Wärme, Fieber, Kopfschütteln, Müdigkeit oder ungewohnte Wachheit oder (Berührungs-)empfindlichkeit.
Verschlechterung: Berührung, Bewegung.

Chamomilla
Dosierung: C30, ½-stündlich oder 2–3-mal täglich, max. 5 Gaben

Leidet auffallend, dabei reizbar und unruhig; wie zorniges Schütteln/Kratzen; auch Schwäche; will keine Berührung; gibt Laut; (große) Wärme; Hecheln; dünnes Sekret; Schwellung.
Verschlechterung: Annäherung; Berührung.

Pulsatilla
Dosierung: C30, ½ stündlich oder 2–3-mal täglich, max. 5 Gaben

Anhänglich, wechselhafte Laune; wechselhafte Beschwerden; viel Juckreiz; Kratzen; Kopfschütteln; Ohrensekret (gelb, gelbgrün, braun-schwarz); hört schlecht; wenig Durst.

Besserung: Trost; Bewegung in frischer Luft; Kühle.
Verschlechterung: Wärme; Liegen.

Entzündung des äußeren Gehörgangs, mit Absonderungen

Siehe auch *Pulsatilla* unter »Entzündung des äußeren Gehörgangs, frühes Stadium«.

Alter-Käse-Geruch der Absonderung; gelbe bis gelbgrünliche Sekrete; Eiter; extrem berührungsempfindlich am Ohr; allgemein überempfindlich; Jaulen; reizbar. Akut und chronisch.
Verschlechterung: Kälte, kalter Luftzug.

Hepar sulfuris
Dosierung: C30,
2–3-mal täglich,
max. 6 Gaben

Stinkende, übelriechende Absonderung, wundmachend!, schleimig, gelb-grünlich, blutig; schmerzempfindlich; zieht sich zurück; intensive Unruhe bei Juckreiz; viel Speichel; Schwitzen. Akut und chronisch.

Mercurius solubilis
Dosierung: C30,
2–3-mal täglich,
max. 5 Gaben

Symptome: Der Hund riecht; faulig riechende Absonderungen, oder wie Jauche; dünnflüssig; bräunlich-eitrig; (extremer) Juckreiz; extrem kälte-/schmerzempfindlich; feuchtes Ekzem. Chronisches Ekzem, auch des Körpers.
Verschlechterung: Kälte, Sturm
Besserung: Wärme, Einhüllen, Liegen

Psorinum*
Dosierung: C30
in Wasser, 2-mal tägl.,
max.! 3 Tage

Klebrige, honiggelbe Absonderungen, häufig linksseitig; übelriechend, auch wie Fisch; wundmachend; (z. B. Risse; Krusten), aber auch keine Sekrete; Juckreiz; Ekzem (im/ums/hinterm Ohr); Hormonstörungen. Chronisch.
Verschlechterung: Wärme; während/nach der Läufigkeit.

Graphites
Dosierung: D8,
2–4-mal täglich,
max. 10 Gaben

Schnupfen, Nasenkatarrh (Rhinitis)

Gleichmäßiger Nasenausfluss (wässrig, schleimig, eitrig); Niesanfälle, Nase reiben, schniefende, schnarchende Atmung. Häufigste Ursachen: Erkältung, Allergie, Fremdkörper; auch Zwingerhusten, Staupe.

Schnupfen, wässrig

Camphora*
Dosierung: D2, 2–3-mal 3 Tropfen

Sofort bei ersten Anzeichen geben; verhindert oft weitere Infektion.

Nux vomica
Dosierung: C30 in Wasser, stündlich, max. 5 Gaben

Durch trockene Kälte; durch Nässe; Juckreiz; viel Niesen; Ausfluss vermehrt in Wärme, nach dem Fressen.
Besserung: Wärme.
Auslöser: Erkältung, Allergie.

Allium cepa
Dosierung: D6, stündlich, max. 8 Gaben

Schnupfen mit tränenden Augen, vor allem im Raum; wunder Nasenspiegel; evtl. mit Kitzelhusten; Blähungen. Auch bei Allergie.
Besserung: Im Freien.

Schnupfen, schleimig bis eitrig

Lachesis
Dosierung: C30 in Wasser, stündlich, max. 4 Gaben

Frühjahrsschnupfen; dick-/dünnflüssiger Schleim; evtl. Kitzelhusten; Fieber; berührungsempfindlicher Hals; viel Durst.
Besserung: Im Freien.

Arsenicum album
Dosierung: C30 in Wasser, stündlich, max. 5 Gaben

Winterschnupfen; z. B. Abkühlung nach Erhitzung; Ausfluss (wässrig, schleimig, eitrig); Juckreiz; häufig Durst. Akut und chronisch.
Besserung: Wärme.

Hepar sulfuris
Dosierung: C30 in Wasser, stündlich, max. 5 Gaben

Kaltwetter-Schnupfen, kalte Luft, kalter Wind; erst wässriger, dann gelb-eitriger Ausfluss; lang andauernder Schnupfen.

Besserung im Freien; dicker, gelblicher Nasenschleim; Juckreiz; evtl. Seitenwechsel. Anhänglich.

Pulsatilla
Dosierung: C30 in Wasser, stündlich, max. 4 Gaben

Schnupfen nach Impfung; wässriger, schleimiger, eitriger Schnupfen; häufig lang andauernd.
Verschlechterung: Nässe, Kälte.

Thuja
Dosierung: C30 in Wasser, 2-mal täglich, max. 4 Gaben

Schnupfen beim Welpen, z. B. 3.–4. Woche zur ersten Zahnung; auch durch Kaltwerden (Rotlichtlampe).
Besserung: Autofahren, beim Tragen.

Chamomilla
Dosierung: D6, stündlich, max. 10 Gaben

Mandelentzündung (Tonsillitis)

Häufige Symptome: Schluckbeschwerden, geringer Appetit, Gähnen, Würgen mit/ohne Erbrechen, Speichelfluss, Fieber, Müdigkeit, Schmerz- und Berührungsempfindlichkeit der betroffenen Mandel(n); ein- oder beidseitig. Ursachen: Bakterien, Viren. Pflege: Wollschal, angewärmtes Wasser (Napf) mit etwas Honig.

Mandelentzündung, erstes Stadium

Plötzliche Schluckbeschwerden; viel Durst auf Kaltes; Würgen bis Erbrechen; Mandeln berührungsempfindlich; Fieber; Schweiß; häufig reizbar; oft rechtsseitig.
Verschlechterung: Kälte; Gerüche; Aufregung.
Auslöser: Kaltwerden; Haarschur, -trimmen.

Belladonna
Dosierung: C30 in Wasser, ¼-stündlich, max. 6 Gaben

Wärme verschlimmert!; kaum Durst, kann nicht schlucken, aber Milch kann gut tun; teigartige Schwellung; berührungsempfindlich; würgt wie erstickend; erbricht; Fieber.
Besserung: Kühlung, kühle Räume.

Apis
Dosierung: C30 in Wasser, ¼-stündlich, max. 6 Gaben

Phytolacca
Dosierung: D4/D6,
¼-stündlich oder
3-mal täglich,
max. 8–10 Gaben

Schluckschmerz, der in die Ohren zieht; Kopf-schütteln; Fressen ist unmöglich; kaltes Wasser tut gut; Würgen/Erbrechen; Zähneknirschen; heißer Kopf; Fieber.
Verschlechterung: Angewärmtes Wasser.

Lachesis
Dosierung: C30 in
Wasser, ½-stündlich,
max. 6 Gaben

Futter wird besser geschluckt als Wasser; lehnt Wasser oft ab; Schal oder Berührung am Hals sind unerträglich; evtl. Speichelfluss; Fieber; müde oder überaktiv; eifersüchtiger Typ. Oft linksseitig; von links nach rechts.
Verschlechterung: Nach Schlaf/Ruhe; Wärme.

Mercurius solubilis
Dosierung: C30 in
Wasser, ½-stündlich,
max. 7 Gaben

Übler Mundgeruch; viel Speichel; Speichel-schlucken/-würgen/-erbrechen; viel Durst; appetitlos; Mandeln sind eitrig; deutliche Schwellung; Fieber; Schweiß.
Verschlechterung: Wärme und Kälte.

Mandelentzündung, wiederholt auftretende

Barium
carbonicum*
Dosierung: C30 in
Wasser, ½-stündlich,
max. 8 Gaben

Mandelentzündung mit Speichelfluss, bei jeder Erkältung; geschwollene, harte, auch eitrige Mandeln; kann nur Wasser schlucken; Würgen; auch Husten. Unentschlossener, scheuer Typ.
Besserung: Gehen im Freien.

Reizhusten, nervöser

Ein durch Nervosität, Freude, Furcht, Schreck oder Kummer ausgelöster, unregelmäßig auftretender, trockener Hustenreiz, ohne Störung des Allgemeinbefindens. Obacht: Herzkranke Hunde können auch unter Reizhusten (Herzhusten) leiden.

Ambra*
Dosierung: D6,
1–2-mal täglich,
über 7 Tage

In Gegenwart anderer, er »fremdelt«; durch Kummer (auch des Halters); Husten gefolgt von Aufstoßen.
Verschlechterung: Musik.

Hysterischer Husten; steigert sich in den Hustenreiz hinein; akuter Kummer (auch des Halters); ab und zu tiefes Luftholen.
Verschlechterung: Zigaretten/Pfeifenrauch.

Ignatia
Dosierung: C30,
1-mal täglich,
ca. 3 Tage

Durch Bellen; durch Aufregung, Freude, Stress, Fressen; hohl klingender Reizhusten; evtl. asthmatische Atmung.

Phosphorus
Dosierung: D12,
1–2-mal täglich,
max. 4 Tage

Kehlkopfentzündung (Laryngitis)

Hustenreiz; Würgen (als ob etwas im Hals steckt!), Abschlucken, auch Erbrechen von Schleim, Atemgeräusche, Heiserkeit. Häufige Auslöser: Erkältung, ständiges Bellen, Verletzung (Holzstöckchen, starker Leinenzug); auch im Gefolge von z. B. Bronchitis, Zwingerhusten.

Kehlkopfentzündung, akutes Stadium

Durch Kälte, kalten Wind (oft Nordost) ausgelöst; ängstliche Unruhe; heiser-krampfartiger Husten; Würgen ohne Erbrechen; Durst. Gemeinsam mit *Spongia*.
Hinweis: Passt gut zu *Spongia*.

Aconitum
Dosierung: C30 in
Wasser, ½-stündlich,
max. 5 Gaben

Plötzlicher Hustenreiz; krampfartig-hohl-heiser, in Pausen wiederkehrend; als wäre ein Fremdkörper im Hals; Schluckreiz; Würgen; Herzklopfen; viel Durst.
Besserung: Wärme.
Auslöser: Kälte, Haarschur, Erschütterung.

Belladonna
Dosierung: C30 in
Wasser, ½-stündlich,
max. 5 Gaben

Fressen bessert!, Wasser wird abgelehnt; hustet/würgt durch Halsberührung; hustet/würgt nach dem Schlafen; Fieber ohne Schweiß; viel Durst. Speichelfluss.
Besserung: Bewegung, warmer Raum.
Verschlechterung: Schlaf.

Lachesis
Dosierung: C30 in
Wasser, stündlich,
max. 5 Gaben

Kehlkopfentzündung, späteres Stadium

Spongia
Dosierung: D6, ½-stündlich, max. 10 Gaben

Rau klingender Reizhusten, wie würgend, wie erstickend, Fressen/Saufen bessern; Atemgeräusche als wäre die Kehle zu eng.
Verschlechterung: Bewegung, Schlaf.

Hepar sulfuris
Dosierung: C30 in Wasser, ½-stündlich, max. 6 Gaben

Husten, sobald kalte Luft eingeatmet wird; rauer-heiser-rasselnder Hustenreiz bis zum Erbrechen; würgt trocken oder Schleim; bellt heiser; kurzatmig; mehr Durst als Hunger.
Verschlechterung: Kälte, Luftzug.

Phosphorus
Dosierung: C30, stündlich, max. 5 Gaben

Heiseres Bellen bis Stimmverlust; Kitzelhusten (hohl, heiser) mit Reizung durch Kälte, Fressen, Aufregung, Liegen; viel Durst auf Kaltes. Empfindlich, furchtsam, anhänglich.
Besserung: Ruhe, Schlaf.

Kalium bichromicum*
Dosierung: D6, stündlich, max. 5 Gaben

Als ob etwas im Halse steckt; Würgereiz, doch es kommt kaum/kein Schleim; Schleim ist zäh-fadenziehend; rau-harter Husten.
Verschlechterung: Kälte.

Rumex
Dosierung: D6, stündlich, max. 7 Gaben

Extrem kälteempfindlich; krampfartiger Hustenreiz, sobald er vom Zimmer ins kühle/kalte Freie kommt (ähnelt *Hepar sulfuris*); Wärme beruhigt sofort; Würgen mit Schleim.
Verschlechterung: Wechsel von warm zu kalt.
Besserung: Wärme, Zudecken.

Luftröhrenentzündung (Tracheitis)

Als eigenständige Erkrankung z. B. durch Erkältung ausgelöst, mit Husten-, Würgereiz, Abschlucken von Schleim. Sie tritt häufig in Kombination mit Kehlkopfentzündung und Bronchitis auf, weswegen die dort aufgeführten Mittel, vor allem *Belladonna, Hepar sulfuris, Pulsatilla, Rumex* und *Spongia* angezeigt sind.

Bronchitis, akut

Häufiger Auslöser: Erkältung, Rauch, Staub, Bakterien, Viren, Pilze, Allergien. Trockener bis feuchter Husten mit/ohne Würgereiz, Erbrechen oder Abschlucken des Schleims, Fieber, angestrengtes Atmen, Mattigkeit. Den Tierarzt aufsuchen. Homöopathie lindert und heilt hier sehr gut.

Husten, Atembeschwerden bei akuter Bronchitis

Durch trockene Kälte, trockenen Wind (oft Nordost); trockener Husten mit Angst /Unruhe; kein/wenig Auswurf; Fieber; Hitze; sucht kühle Plätze; möchte kaltes Wasser.
Verschlechterung: Berührung.

Aconitum
Dosierung: C30, ½-stündlich, max. 5 Gaben

Hechelt und hat viel Durst; heftiger Beginn; hohlklingende Hustenanfälle, die wellenartig auftreten; Fieber; Puls: rasch, voll. Übererregt/ -empfindlich (auch vor Krankheitsausbruch).
Auslöser: Haare scheren; Kaltwerden.

Belladonna
Dosierung: C30, ½-stündlich, max. 5 Gaben

Wenig Krankheitszeichen; oft »nur« Fieber oder Mattigkeit; auch oft gutes Befinden; evtl. weniger Appetit; kurzer, harter Husten; kaum Schleim. Bewährt bei akuter und verschleppter Bronchitis.
Verschlechterung: Bewegung; Berührung; nachts.

Ferrum phosphoricum
Dosierung: D6, ½-stündlich, oder 2–3-mal täglich, max. 10 Gaben

Akuter Infekthusten, kurz, heftig, trocken; hohes, trockenes Fieber; Schwäche; Apathie; rascher Puls; würgt und erbricht evtl. Schleim; viel Durst; Herz-Kreislaufstörungen. Durch Bakterien/Viren(!). Gut neben Antibiotika!
Verschlechterung: Wärme, nach Schlaf.

Lachesis
Dosierung: C30 in Wasser, ½-stündlich, max. 6 Gaben

Bryonia
Dosierung: C30 in
Wasser, ½-stündlich,
max. 8 Gaben

Bewegungsunlust; jede Bewegung schmerzt!;
schnelle, flache Atmung; allmählich beginnen-
der, harter, schmerzhafter Husten; kaum Auswurf; extremer Durst; möchte seine Ruhe
haben. Auch Brustfellentzündung.
Besserung: Frische Luft, Saufen.

Husten mit viel Schleim bei akuter Bronchitis

Ipecacuanha
Dosierung: D6,
½-stündlich,
max. 10 Gaben

Husten mit Auswürgen von Schleim; viel
Schleim, trockener, heftiger, wie erstickender
Husten; rasselnde/asthmatische Atmung;
Speichelfluss; evtl. violette Zunge.
Verschlechterung: Feuchte Wärme, nasse Kälte.
Besserung: Ruhe.

Drosera
Dosierung: D6,
stündlich,
max. 8 Gaben

Aus der Tiefe kommender Husten, hohl klin-
gend; rasch aufeinander folgende Hustenanfälle; würgt wie erstickend; Schleimrasseln,
-auswurf; Atmung wie Asthma; Mattigkeit.
Besserung: Im Freien; langsame Bewegung.

Coccus cacti*
Dosierung: D4,
stündlich,
max. 10 Gaben

Hustet, würgt und rülpst später; zäh-klebriger,
fädenziehender, eiweißartiger Schleim; krampfhafter Reiz-/Kitzelhusten, der in Anfällen auftritt; evtl. asthmatische Atmung.
Besserung: Kaltes Wasser saufen; kühle Luft.

Tartarus emeticus
Dosierung: D12 in
Wasser, ½-stündlich,
max. 5 Gaben

Schleimrasseln in der Luftröhre; sitzt, um besser
atmen zu können, aber döst/schläft auch viel;
Husten mit Würgen, Schleim sitzt tief; mag
keine Berührung; zunehmende Schwäche.
Verschlechterung: Wärme.

Phosphorus
Dosierung: C30 in
Wasser, stündlich,
max. 8 Gaben

Wärme und Ruhe bessern; rauer-erschütternder
Husten; Schleim weiß, wie Eiweiß; Husten
durch Kälte, Stress, Fressen, Saufen; asthmatische Atmung; viel Durst. Schmusig, anhänglich,
empfindlich.
Verschlechterung: Anstrengung, Aufregung.

Wechselhafte Symptome, wechselhafte Launen; krampfhafter, veränderlicher Husten, schlechter in Wärme!; hustet, sobald er liegt; Schleimrasseln. Liebt Nähe, Trost, Streicheln.
Besserung: Frische Luft.

Pulsatilla
Dosierung: C30 in Wasser, stündlich, max. 5–6 Gaben

Husten, Atembeschwerden bei chronischer Bronchitis

Sehen Sie auch die Mittel unter »akuter Bronchitis«.

Husten mit Unruhe, Angst; rau-heiserer Husten (nachts am schlimmsten); Reizhusten, Atembeschwerden; pfeifende Atmung; rasch kraftlos; reizbar, empfindlich.
Besserung: Frischluft, Wärme.

Arsenicum jodatum*
Dosierung: C30, 1-mal täglich 3–4 Tage

Reservierter Typ; will sein Ruhe; aggressiv bei Fremden; krampfhafter Husten, schlechter beim Hereinkommen ins Warme; Kurzatmigkeit; tränende Augen; Nase evtl. rissig.
Verschlechterung: Nach Aufenthalt am Meer, Sonne.

Natrium chloratum
Dosierung: C200, 1-mal täglich, max. 3 Tage

Anhaltende Bronchitis; auch periodisch auftretender Husten; trockener, würgender Husten; Schleimrasseln beim Atmen. Dominanter, wasserscheuer Typ, der sehr viel Lob braucht. Verschleppte Bronchitis.
Besserung: Wärme, Bewegung.

Sulfur
Dosierung: C30, 1-mal täglich, max. 3–4 Tage

Langsame Erholung vom Infekt; schwächelnde, zu schlanke Hunde, die rasch erkältet sind; Husten in Anfällen mit Schleim; dicke Lymphknoten. Ruhiger Typ mit Eigensinn, wenig Selbstvertrauen.
Verschlechterung: Zugluft, Kälte.

Silicea
Dosierung: D12, 1-mal täglich, max. 1 Woche

Herz-, Kreislaufschwäche

Ursachen: Überbelastung, Schock, Altersherz, angeborene/erworbene Herzerkrankung, schwere Infektion, Vergiftungen. Herzkranke/-schwache Hunde
oder alte Hunde sind natürlich besonders von Herz-, Kreislaufschwäche betroffen (Bewegungsunlust, schneller müde, beschleunigte oder schwere
Atmung bei Bewegung, »Herzhusten« in Anfällen). Aber auch relativ gesunde
Hunde können durch Überbelastung eine Herz-, Kreislaufschwäche erleiden
(rasche Atmung, rasches Hecheln, heraushängende Zunge, Schwäche bis
Kollaps). Den Tierarzt aufsuchen. Homöopathie kann hier gute Hilfe leisten.

Herz-Kreislaufschwäche, ausgelöst durch

Arnica
Dosierung: C30/C200,
¼-stündlich,
3–4 Gaben

Überanstrengung, Verletzung, Schock; hier
1. Mittel; rasche, kurze Atmung; starkes Hecheln;
(große) Erschöpfung; Taumeln; Herzmuskel-
schwäche/-erkrankung.

Aconitum
Dosierung: C30,
¼-stündlich,
max. 3 Gaben

Schreck, Schock, Hitzschlag; Angst/Unruhe;
flache Atmung; stürmisches Herzklopfen; akute
Herzrhythmusstörung; Atemnot; Schwäche bis
Kollapsneigung.

Belladonna
Dosierung: C30,
¼-stündlich,
max. 3 Gaben

Hitzschlag; oder durch heiße Luft, Sonnenhitze;
heftiges Hecheln; heftiges Herzklopfen; dampft
vor Hitze; Unruhe; übererregt oder Apathie mit
Schwäche.
Besserung: Kühlung!

Lachesis
Dosierung: C30,
¼-stündlich,
3–4 Gaben

Schwere Infektionen; auch durch Sonne/Hitze;
beschleunigte Atem-/ Herzfrequenz; Hecheln;
Schwäche bis Niedersinken; »Herzhusten«;
akute Herzerkrankung jeder Form.
Besserung: Kühlung.
Verschlechterung: Frühjahr, Sommer.

Herzklappenfehler!; »Herzhusten«; Herzrhythmusstörung; Kreislaufschwäche auch ohne organische Ursache; Kurzatmigkeit; Schwäche, bis zum Niedersinken. Bewährt!
Verschlechterung: Wärme, Frühjahr.

Naja tripudians
Dosierung: C30,
¼-stündlich,
3–4 Gaben

Antibiotika; schwere Infektion; Vergiftungen; Atemnot; Lungenbeschwerden; große Schwäche bis zum Niedersinken; schnelles Herz/schwacher Puls/kurze Atmung.

Carbo vegetabilis
Dosierung: C30,
1-mal ¼-stündlich,
3–5 Gaben

Durchfall (bei/nach); auch nach schwächender Krankheit; Blutverlust; Mattigkeit; leichte Bewegung erzeugt rasche Atmung/Herzfrequenz; Kurzatmigkeit; Taumel.

China*
Dosierung: D4, ¼-stündlich, max. 6 Gaben,
dann 1-mal täglich

Aufregung; der Typ neigt zu »Berg- und Talfahrt«, sein Herz reagiert rasch auf Außenreize, ist schnell erschöpft; Schwäche; Kurzatmigkeit; rascher Puls/Herz; Unruhe.
Besserung: Kühlung, kalt saufen.

Phosphorus
Dosierung: C30,
2-mal täglich, dann
1-mal wöchentlich,
max. 4 Wochen

Beim älteren Hund

»Die tägliche Herzpflege« für chronisch Herzkranke, Schwäche in Anfällen; schnelle Ermüdung; trockener Husten; Atembeschwerden bei Anstrengung. Herzmuskel/-kranzgefäße.

Crategus
Dosierung: D2,
2-mal täglich,
länger geben

Anfallsweise Schwäche bei etwas mehr Bewegung als gewöhnlich, mitunter schon bei wenig Bewegung; schreckhaft; Ödeme; Gelenkbeschwerden. Altersherz/Herzmuskel.
Besserung: Wärme.
Hinweis: Gut mit *Phosphorus*.

Kalium carbonicum
Dosierung: D6,
2–4-mal täglich,
länger geben

Herzschwäche und Ödembildung; Atemnot/-Unruhe; Neigung zu Schwächeanfall (langsamer Herz-/Pulsschlag); legt sich oft nieder; Magen-Darmbeschwerden; nachts unruhig.
Hinweis: Dann die nächst passende Arznei.

Digitalis*
Dosierung: D6,
2–4-mal täglich,
max. 8 Gaben

Arsenicum album
Dosierung: D6,
2-mal täglich,
max. 2 Wochen

Schwäche und Angst; Atembeschwerden
(wie Asthma); nachts unruhig; viel Durst
(kleine Mengen); liegt viel; Herzhusten. Herz-
muskel/-beutel/-kranzgefäße. Altersherz.
Besserung: Wärme.

Aurum metallicum*
Dosierung: D12,
2-mal die Woche,
ca. 1 Monat

Willensstarker Typ; unsozial; kämpferisch;
teilnahmslos; häufig übergewichtig; Herzschwäche; Angst; fühlbares Herzklopfen; rote
Schleimhäute; Atembeschwerden.
Besserung: Frische Luft.

Spongia
Dosierung: D6,
2-mal täglich,
ca. 2 Wochen

»Herzhusten«; krampfartiger Reizhusten
(der würgend ist und sich durch Futter und
Wasser bessert); Atembeschwerden bis -not
besonders nach Schlaf. Altersherz. Schild-
drüse.

Herzrhythmusstörungen

Ihre Bedeutung liegt in Abweichungen von der Regelmäßigkeit der Herz-
aktionen zur normalen Herzfrequenz, wobei letztere z. B. vom Alter, der
Kondition, Körpertemperatur, und Konstitution abhängig ist. Herzrhythmusstörungen werden meistens durch Erregungsbildungs- sowie Erregungs-
leitungsstörungen des Herzens ausgelöst und können vielseitige Ursachen
haben, neben angeborenen und erworbenen Herzerkrankungen z. B. Fieber,
akute/überstandene Erkrankungen, Säfteverlust, Verwurmung, Vergiftungen.
Darüber hinaus hat das vegetative Nervensystem Einfluss auf Rhythmusstörungen. Eine gründliche, tierärztliche Untersuchung mit EKG sichert die
Diagnose, wobei die Ursachen auch unbekannt sein können. Es gibt einige
homöopathische Mittel bei Herzrhythmusstörungen; eine Konstitutions-
behandlung ist zu empfehlen.

Aconitum
Dosierung: C30 in
Wasser, 2-mal sofort,
dann 1-mal täglich,
max. 5 Tage

Fieber, Schock, sind hier zwei akute Auslöser bei
Rhythmusstörungen; entweder viel zu rascher
oder verlangsamter Puls/oder erst langsam,
dann schnell; oft erhebliche Unruhe; Angst.
Verschlechterung: Berührung.

Anfallsartige Unregelmäßigkeit; zu schneller/ zu langsamer Puls, beide Formen auch unregelmäßig; mit Herzstolpern, Folgen von Herzmuskelschäden, von Überanstrengung.
Verschlechterung: Bewegung.

Arnica
Dosierung: C30 in Wasser, 2-mal sofort, dann 1-mal täglich, max. 7 Tage

Nervöse Herzbeschwerden; Folgen von Angst, Stress, Leistungsdruck, Sport, schwacher, sehr rascher, auch unregelmäßiger, aussetzender Herzschlag, Zittern, matt, wie benommen.
Verschlechterung: Feuchtwarme Luft, Sonne.
Auslöser: Auch Folgen von Infektionen.

Gelsemium
Dosierung: C30 in Wasser, 2-mal sofort bei Bedarf, sonst 1-mal täglich, max. 7 Tage

Herzrhythmusstörungen aufgrund von Herzleiden, bes. Herzklappen!; stark beschleunigter Herzschlag, Herzstolpern, Schwäche, schwankender Kreislauf. Angst, Unruhe. Sehr bewährtes Mittel, passt gut zu *Arnica*.
Auslöser: Folgen von Infektionen.

Naja tripudians
Dosierung: C30 in Wasser, 1-mal täglich, länger geben

Bekümmert; kann durch Seelennöte erhebliche Arrhythmien entwickeln, vor allem aussetzende Herztätigkeit, wie Herzstolpern. In sich gekehrt, will seine Ruhe, oft unsozial, vor allem bei Fremden.
Verschlechterung: Anstrengung, Stress.

Natrium chloratum
Dosierung: C30 in Wasser, 1-mal täglich, ca. 7 Tage

Geschwächt; Folgen von Fieber, lang andauernder Krankheit/Strapaze, von Verdorbenem; lautes, heftiges Herzklopfen mit Schwäche/ Angst, unregelmäßiger, schneller, schwacher Puls, Herzmuskelschaden, oft durch Erschöpfung, oder angeboren.

Arsenicum album
Dosierung: D12, 2-mal täglich, ca. 7 Tage

»Die tägliche Herzpflege«, die Sie Ihrem Hund gerne zusätzlich zu seinem passenden Mittel geben können.

Crategus
Dosierung: D1, 2-mal täglich, länger geben

Appetitstörungen

Die Ursachen dafür sollten von Sachkundigen abgeklärt werden. Die hier aufgeführten Mittel beziehen sich auf Hunde mit schlechtem, launenhaftem Appetit (»schlechte Fresser«) oder mit sonderbarem Appetit (z. B. Sand, Kot, Steinchen).

Appetit, schlechter, verminderter

Passt auch zu *Lycopodium* (Appetit, launenhafter).

Sulfur
Dosierung: C30,
1-mal täglich,
an 3 Tagen

Wenn das Futter vor ihm steht, ist sein Hunger weg; doch viel Durst!; Appetitlos nach Ärger; auch mal heißhungrig, mal appetitlos. Selbstbewusste »Spürnase«, untersucht alles, wachsam, hütet und beschützt.

Natrium chloratum
Dosierung: C200,
1-mal täglich,
an 3 Tagen

Heranwachsende Hunde, die Futter verweigern; schlank-knochig; liebt Salziges und Brot; viel Durst. Reserviert/aggressiv bei Fremden, Treue zum Halter, kein Schmuser.
Auslöser: Kummer, Stress.

Calcium phosphoricum*
Dosierung: D12,
1-mal täglich,
max. 5 Tage

Appetitlose Junghunde, Milch macht Blähungen und/oder Durchfall; besonders zur Zeit der Zahnung/-wechsel; gedeiht schlecht. Furchtsam, überaktiv, erschrickt leicht.
Hinweis: Frisst Papier.

Abrotanum
Dosierung: D3,
2-mal täglich,
ca. 14 Tage

Hund gedeiht schlecht, sieht aus wie verwurmt (trotz Wurmkur); dicker Bauch, aber sonst zu schlank; mattes Fell; auch Abmagerung trotz Heißhunger; Juckreiz.

China*
Dosierung: D4,
2-mal täglich,
max. 10 Tage

Appetitlos nach schwerer Krankheit, nach Durchfall, auch durch viel Säugen, Blutverlust (Hitze); nimmt Leckereien, aber nicht gerne sein normales Futter.

Appetit, launenhafter

Frisst mal ja, mal nein; Veränderlichkeit
(Fressen, Durst, Launen, Kot, Sonstiges). An-
hänglich, mag kein Alleinsein, mag Kühles,
Streicheln, Trost; leidet sehr.

Pulsatilla
Dosierung: C30 in
Wasser, 2-mal täglich,
max. 6 Gaben

Hunger kommt beim Fressen; riecht am Futter,
zögert, frisst ein wenig, und dann mit (großem)
Appetit; sortiert evtl. Futter aus. Wichtigtuer,
aber wenig Selbstvertrauen.
Hinweis : Frisst evtl. kleine Steine.

Lycopodium
Dosierung: C30,
1-mal täglich,
an 3 Tagen

Kummer, Aufregung (auch des Halters) lösen
Appetitstörung aus; auch Heimweh; Schein-
schwangerschaft; nervöser Magen; Schluck-
probleme; appetitlos und fresssüchtig.
Hinweis : Frisst Plastik.

Ignatia
Dosierung: C30,
1-mal täglich,
an 4 Tagen

Appetitlos und heißhungrig im Wechsel; sehr
großer Hunger/Widerwille gegen jedes Futter;
viel/wenig Durst; erbricht schnell. Ungewohnt
schwach, nervös, empfindlich.

Ferrum metallicum*
Dosierung: D6,
2-mal täglich,
max. 7 Tage

Appetit auf Sonderbares

Passt auch zu *Ignatia*, *Lycopodium* (Appetit,
launenhafter), *Calcium phosphoricum* (Appetit,
verminderter).

Frisst Kot anderer Hunde, Erde, Sand; rohe Kar-
toffeln; Holzkohle; frisst sehr gerne Hühnerei.
Ruhig, lieb, gemütlich, sturköpfig, unterwürfig,
mattherzig, wird schnell dick.

Calcium carbonicum
Dosierung: C30,
1-mal täglich,
an 4 Tagen

Frisst Kalk, Kreide, Sand, viel Gras (mit/ohne
Erbrechen); Junghund gedeiht schlecht!. Ruhig,
gehorcht gut, wenig Selbstvertrauen, aber
wehrhaft bei grober Behandlung.

Silicea
Dosierung: D30,
1-mal täglich,
an 4 Tagen

Hyoscyamus **Dosierung:** C30, 1-mal täglich, an 4 Tagen	Frisst/leckt Schlamm, Kot, Mist, uriniert bei Gelegenheit in Haus/Wohnung, evtl. auch Kotabsatz. Übererregbar, sexuell, eifersüchtig; hysterisch; misstrauisch, Kläffer.

Mundgeruch (Foetor ex ore)

Ursachen: Appetitstörung; Entzündung bis Fäulnisprozess von Maulschleimhaut, Zähnen, Zahnfleisch, -stein, -belag, Rachen (riecht übel, faulig, aashaft); Magen-Darmbeschwerden (riecht übel, säuerlich, käsig, faulig); Nierenleiden (riecht süßlich, urinartig, beißend), Stoffwechselstörung (jede Geruchsform); Lebererkrankung (riecht z. B. wie frische Leber, Lehmerde); chronische Lungenleiden (z. B. faulig, käsig, übel); Grundleiden abklären lassen.

Mundgeruch, verursacht durch

Mercurius solubilis **Dosierung:** D8, 2-mal täglich, max. 10 Tage	Entzündung der Maulschleimhaut, des Zahnfleisches (schwammig, blutet leicht); Maulfäule; Geruch (übel, stinkend, süßlich, wie Metall); vermehrte Speichelbildung! **Verschlechterung:** Warmwerden.
Kreosotum* **Dosierung:** D8, 2-mal täglich, max. 7 Tage	Zerfall von Zähnen, Karies, Zahnfleischentzündung (geschwürig, blutet leicht und stark, dunkles Blut); Geruch: eklig, wie verfault, starke Speichelbildung. Magenempfindlich.
Carbo vegetabilis **Dosierung:** D12, 1-mal täglich, max. 7 Tage	Magenbeschwerden, oft mit viel Blähungen und/oder häufigem Aufstoßen; Parodontose; Geruch: übel, faulend. Ungewohnt träge, schlapp, reizbar, »fremdelnd« .
Nux vomica **Dosierung:** D6, 2-mal täglich, ca. 7 Tage	Futterunverträglichkeit; Beschwerden von Magen, Leber; Geruch: übel, sauer (bes. morgens); magenempfindlich. Furchtsam, streitbar, angespannt, reaktionsschnell.

Vor oder nach der Läufigkeit; Geruch: sauer,
wie faule Eier, faulig; oft mit Körpergeruch!; viel
Durst; guter Appetit. Selbstständige, häufig
»vermännlichte« Hündin.

Sepia
Dosierung: C30,
1-mal täglich,
an 3 Tagen

Stoffwechselstörung; z. B. nach Infekten, Eiterungen,
durch Antibiotika!, durch Organleiden; Geruch: faulig, stinkend (nach jedem Fressen); viel Durst. Gier.

Sulfur
Dosierung: C30, 1-mal
täglich, an 4 Tagen

Chronische Entzündung: Zahnfleisch, -wurzel;
Eiterungen; Geruch: süßlich, eklig, stinkend.
Weitere Problembereiche: Haut, Krallen, Ohr,
Nieren, Bronchien.

Silicea
Dosierung: D12,
1-mal täglich,
max. 7 Tage

Erbrechen (Vomiting)

Kann durch Grasfressen, Fressen in Hast/Übermaß, Fahrt/Reise, Stress,
nervösen Magen auftreten, auch bei säugender Hündin (Anverdautes für ihre
Welpen). Erhebliche Ursachen: z. B. Fremdkörper, Magen-Darmentzündung,
Medikamente, Leber-, Nierenleiden, Tumore, Parvovirose. Gehen Sie zum Tierarzt, wenn das Erbrechen anhält, und wenn die Homöopathie in 1 bis 2 Tagen
nicht bessert. Lesen Sie auch unter »Magenschleimhautentzündung«.

Erbrechen, ausgelöst durch Reisekrankheit

Beginnen Sie mit den aufgeführten Mitteln
2–3-mal täglich schon 2 Tage vor der Fahrt/Reise,
ansonsten ½-stündlich zu Fahrt-, Reisebeginn.

Bewährtes Mittel; Erbrechen in Auto, Bahn,
Schiff, Flugzeug; viel Speichelfluss; erbricht
oft in einem Schwall; lässt evtl. Urin. Angst,
Nervosität.

Cocculus
Dosierung: D6, ½-stündlich oder 3-mal täglich,
max. 8 Gaben

Übelkeit besser durch Fressen; viel wässriger
Speichelfluss, dann Erbrechen bei Fortbewe-
gung; Schwäche; Reisekrankheit und rissige
Hautprobleme.
Hinweis: Passt zu *Cocculus*.

Petroleum*
Dosierung: D12,
½-stündlich oder
2-mal täglich,
max. 6 Gaben

Tabacum*
Dosierung: D12, ½-stündlich oder 2-mal täglich, max. 6 Gaben

Erbrechen mit Schwäche; »sterbenselend« bei Fortbewegung; krampfhaftes Würgen/Erbrechen; viel zäher Speichel; besser bei Frischluft und in frischer Luft.

Borax
Dosierung: D6, ½-stündlich oder 3-mal täglich, max. 8 Gaben

Flugangst; verträgt keine Abwärtsbewegung (auch Lift, Berg- und Talfahrt); Angst; Zittern; Würgen/Erbrechen; evtl. Schluckauf; Blubbern im Bauch.

Erbrechen durch Nervosität, Stress

Phoshorus
Dosierung: C30, 1-mal täglich, an 3 Tagen

Überempfindlicher Hund; sensibel, anhänglich, schmusig, schlank, eigenwillig; erbricht leicht (auch bei Futter-/-zeitenwechsel; viel Wasser); gelb, Schleim, Futterbrei.
Auslöser: Auch Angst, Süßes.

Nux vomica
Dosierung: D6, 2–3-mal täglich, max. 9 Gaben

Nervöser Hund mit Reizmagen; niedrige Reizschwelle, verspannt, streitbar, unruhig, furchtsam; erbricht oft 1–2 Stunden nach dem Fressen; Schleim; Futterbrei.
Auslöser: Auch Medikamente.

Arsenicum album
Dosierung: C30, 1-mal täglich, an 3 Tagen

Unsicherer Hund, oft schlank, hager; sieht oft sauber aus; Angst, Unruhe, wie getrieben/ treibend, wenig Energie; viel Durst; Erbrechen (Schleim; gelb, Futter), evtl. mit Durchfall.

Pulsatilla
Dosierung: C30, 1-mal täglich, an 3 Tagen

Liebevoller Hund; unterwürfig, findet jedermann nett, Angst beim Alleinsein; gehorsam, aber auch stur, abweisend; uriniert aus Freude/Angst; Schleimerbrechen.
Auslöser: Strafe, Alleinsein, Heimweh, Fettes.

Ferrum metallicum*
Dosierung: D8, 2-mal täglich, max. 7 Tage

Erbricht sein Futter bald oder Stunden nach dem Fressen; Wechsel von Heißhunger/ Appetitlosigkeit, von Durchfall/Verstopfung. Erregt, nervös, streitbar, bald müde.
Auslöser: Auch Hühnerei.

Feinfühliger Hund, mitfühlend; reserviert; kann alleine sein; plötzlich hysterisch, aufgebracht; jault; unbeständig; gähnt viel; viel Speichel; Erbrechen (Futter, Schleim).
Besserung: Durch Fressen.
Auslöser: Heimweh, Kummer, Strafe.

Ignatia
Dosierung: C30, 1-mal täglich, an 4 Tagen

Erbrechen durch Futter, Verdorbenes, Medikamente

Vergleichen Sie auch die Mittel unter »Erbrechen durch Nervosität, Stress«.

Durcheinander fressen; durch zu viel Futter; durch Fettes; Kaltes; würgt/erbricht plötzlich reichlich Schleim/schleimigen Futterbrei.

Ipecacuanha
Dosierung: D6, ½-stündlich, max. 6 Gaben

Magenüberladung; durch Fettes; viel Durcheinander; Backwaren; Eiskaltes; zu viel Wasser. Leidet auffallend, sucht Nähe, zittert oder hechelt.

Pulsatilla
Dosierung: D6, stündlich, max. 5 Gaben

Durch Gammeliges; Trinken aus Tümpeln, Gräben, Pfützen; durch Eiskaltes!, Käse; evtl. mit Durchfall (dünnflüssig, übler Geruch).

Arsenicum album
Dosierung: C30, stündlich, max. 5 Gaben

Durch ein Übermaß (Medikamente, Futter); viel Durcheinander, Verdorbenes. Geht klamm, krampfhaft, ist reizbar.

Nux vomica
Dosierung: D6, stündlich, max. 6 Gaben

Durch Süßes; süchtig danach, verursacht aber Erbrechen oder/und Durchfall; Blähungen; Unruhe; wirkt ängstlich, zappelig.

Argentum nitricum
Dosierung: C30 in Wasser, stündlich, max. 5 Gaben

Durch zu kaltes Wasser; Kaltwerden; würgt, erbricht mit großer Unruhe!, Angst; Hecheln; evtl. erhöhte Temperatur.
Verschlechterung: Berührung.

Aconitum
Dosierung: C30 in Wasser, ½-stündlich, max. 6 Gaben

Erbrechen von unverdautem Futter

Sehen Sie auch *Ferrum metallicum**, *Ignatia*, *Phosphorus* (Erbrechen durch Nervosität).

Kreosotum*
Dosierung: D6,
¼-stündlich,
max. 10 Gaben

Würgt viel, erbricht Unverdautes (lange nach dem Fressen) oder würgt erfolglos (bes. morgens) oder erbricht morgens Wässriges; evtl. mit Durchfall. Übler Geruch.

Erbrechen und Durchfall

Sehen Sie auch *Arsenicum album* (Erbrechen durch Nervosität, durch Verdorbenes).

Veratrum album
Dosierung: C30,
¼-stündlich,
max. 5 Gaben

Schwächender Brechdurchfall; ist rasch erschöpft; liegt nur; Kot / Erbrochenes: viel, schleimig oder wässrig; auch weißlich, grünlich, kommt unmittelbar heraus.

Erbrechen durch Verletzung

Arnica
Dosierung: C30,
¼-stündlich,
max. 5 Gaben

Trauma, Prellung, Unfall, Schock, Erschütterung (z. B. Gehirn); wie benommen; erbricht häufig; evtl. Blut; Erbrochenes stinkt, oder faule-Eier-Geruch.
Auslöser: Auch Schreck, Schock.

Magenschleimhautentzündung (Gastritis)

Erbricht bald nach dem Fressen eingespeicheltes Futter, wird rasch matt und kraftlos, evtl. Fieber. Ursachen: Erkältung, Verdorbenes, Giftstoffe, Medikamente, Bakterien, Viren, im Gefolge anderer Organerkrankungen. 24 Stunden fasten lassen, Wasser anbieten, dann mehrere kleine, fettarme Futtermengen am Tag. Vergleichen Sie auch die Mittel der vorangehenden Heilanzeigen unter »Erbrechen« (durch Futter, Nervosität).

Plötzliches Erbrechen von Futterbrei, Schleim, teils große Mengen; gelb, gallig, grün; würgt/erbricht weiter, wenn der Magen leer ist. Akut.
Auslöser: Verdorbenes, Kaltes, Infektion.

Ipecacuanha
Dosierung: D6, ½-stündlich, dann stündlich, max. 7 Gaben

Großer Durst; gelb-schleimiges Erbrechen wie Galle; harter, angespannter Bauch. Erbricht, wenn er sich bewegt. Will seine Ruhe haben. Akut, weniger akut.
Verschlechterung: Bewegung, Berührung.
Auslöser: Kaltes, Infektion.

Bryonia
Dosierung: C30 in Wasser, stündlich, max. 6 Gaben

Krampfhaftes Würgen, Erbrechen; plötzlich, heftig; streckt/dehnt/reckt den Rücken (als ob der Rücken schmerzt); sehr berührungsempfindlich; viel Durst. Akut.
Auslöser: Kaltes, Infektion.

Belladonna
Dosierung: C30 in Wasser, ½-stündlich, max. 6 Gaben

Erbricht bald nach dem Fressen; auch gelblicher Schleim; blutig; rasch matt, kraftlos; Bauch: hart, berührungsempfindlich. Anhänglichkeit. Akut, chronisch.
Auslöser: Futterwechsel, Infektion.

Phosphorus
Dosierung: C30 in Wasser, ½-stündlich, max. 6 Gaben

Erbrechen von Futter oder Schleim; gallig, gelblich, grünlich; evtl. Rülpsen; sucht kühle Plätze, sucht die Nähe, »klebt am Rockzipfel«. Akut, chronisch.
Auslöser: Kaltes, Fettes, Katarrh.

Pulsatilla
Dosierung: C30 in Wasser, ½-stündlich, max. 5 Gaben

Durchfall (Diarrhoe)

Durchfall ist das Hauptmerkmal bei Darmkatarrh/-entzündung (Enteritis), er kann plötzlich, häufig mit viel Kotdrang auftreten (breiig, schleimig, wässrig, blutig), mit Appetitlosigkeit, Entkräftung, evtl. Erbrechen. Auslöser: z. B. Futter (verdorben, zu kalt, ungeeignet), Kaltwerden, Würmer, Antibiotika, Cortison, Stress, Hitze, Anstrengung, Giftstoffe, Bakterien, Viren. Sachkundige Hilfe ist vonnöten, wenn der Durchfall anhält. Die Homöopathie hat sich bei Durchfall, Darmkatarrh (akut, chronisch) sehr gut bewährt.

Durchfall durch Futter, Verdorbenes

Arsenicum album
Dosierung: C30 in
Wasser, ½-stündlich,
max. 6 Gaben, oder
3-mal täglich

Verdorbenes Futter/Wasser; Gammeliges;
Eiskaltes; Stress. Kot: häufige kleine Mengen,
schleimig, wässrig; Geruch: faulig, aashaft.
Ruhelos, aber schwach. Akut, chronisch.
Hinweis: Oft schwere Infektion.

Nux vomica
Dosierung: C30 in
Wasser, ½-stündlich,
max. 6 Gaben

Zu reichhaltiges Futter; zu viel Futter/Durch-
einander; Medikamente!; Wurmkur!. Durchfall:
braun; schleimig, breiig; wie in Streifen,
wässrig; Blähungen. Gereizt, übellaunig.
Verschlechterung: 1–2 Stunden nach dem
Fressen.

Pulsatilla
Dosierung: D6,
½-stündlich,
max. 10 Gaben

Fette Nahrung; Backwaren; durch Angst; Kaltwerden; wechselhafter Kot: mal breiig; mal
schleimig, mal dünn; mal wenig/viel; mal
braun/hell/gelblich/gallig; Blähungen.
Auslöser: Auch Wärme, Hitze.

**Magnesium
carbonicum***
Dosierung: D6,
½-stündlich,
max. 6 Gaben

Milch; Milchhaltiges; Jaulen; schmerzhafter
Bauch; Darmgeräusche; Durchfall: heraus-
spritzend; übelriechend, breiig-wässrig;
wiederkehrend. Oft Welpen, Junghunde.
Auslöser: Auch Fleisch.

Phosphorus
Dosierung: D12,
stündlich,
max. 6 Gaben,
oder 1-mal täglich

Unregelmäßige Fütterung; wechselhaftes
Futter; Kot: dünnbreiig; schleimig, gelblich;
mal wenig, mal viel Appetit. Nervös, schreckhaft, Nähe suchend.
Auslöser: Auch Cortison, Stress.

Sulfur
Dosierung: C30 in
Wasser, ½-stündlich,
max. 6 Gaben

Durch Antibiotika; Durchfall: schleimig; grünlich; gelb; hell; breiig, riecht übel; Blähungen
(faule-Eier-Geruch); viel Kotdrang; Juckreiz.
Akut, chronisch!, wiederkehrend!
Auslöser: Auch Infektion, Stoffwechsel.

Durchfall durch Kälte, Nässe, kalte Nässe

Sehen Sie auch *Rhus toxicodendron* (Durchfall durch Überanstrengung).

Wechsel von Wärme zu Kälte; Wetterwechsel; Baden in kaltem Wasser; Stehen in Nässe; Kot: wässrig, breiig, grünlich, schleimbedeckt; evtl. Hautprobleme.
Auslöser: Auch Zahnung.

Dulcamara
Dosierung: C30 in Wasser, ½-stündlich, max. 8 Gaben

Durch Haarescheren; nach dem Hundefrisör bei Kälte; Durchfall: plötzlich; heftig, häufiger Absatz, grünlich, evtl. mit Blut; streckt/biegt den Rücken durch.

Belladonna
Dosierung: C30 in Wasser, ½-stündlich, max. 4 Gaben

Akuter Darmkatarrh durch Kälte; Kot: schleimig; breiig; wässrig; braun; grünlich; viel Kotpressen (viele, kleine Mengen); Afterjuckreiz; Geruch: übel, sauer.

Mercurius solubilis
Dosierung: C30 in Wasser, ½-stündlich, max. 6 Gaben

Durchfall durch große Wärme, Sommerhitze

Vergleichen Sie hier zu Durchfall auch *Pulsatilla* (durch Futter), *Veratrum album* (mit Schwäche).

Sommerhitze; Baden bei Hitze; gesäugte Welpen; Kot: plötzlich, spritzt heraus, dünn, grünlich, hellbraun, schwärzlich; sehr übelriechend; schwächend.
Auslöser: Auch Milch.

Podophyllum
Dosierung: D6, ¼-stündlich, max. 8 Gaben

Warmes Wetter; auch durch Obst; Durchfall: in einem Schwall, schleimig; breiig; sieht wie verbrannt aus; mit Futterteilen; übelriechend (käsig). Mag sich nicht bewegen.
Verschlechterung: Jede Bewegung.

Bryonia
Dosierung: D6, ¼-stündlich, max. 8 Gaben

Gambogia*
Dosierung: D6,
¼-stündlich,
max. 10 Gaben

Schießt heraus (alles auf einmal); vorher Darmgeräusche; Durchfall: gelblich; grünlich; wässrig; Kotdrang und Erschöpfung nach Durchfall!

Durchfall, der herausspritzt

Vergleichen Sie hier zu Durchfall auch *Carbo vegetabilis* (mit Schwäche), *Bryonia*, *Gambogia* (durch Wärme), *Rhus toxicodendron* (durch Verletzung, auch Kälte/Nässe).

Natrium sulfuricum
Dosierung: D12,
¼-stündlich,
max. 8 Gaben

Spritzt mit viel Gasen heraus; in einem Guss; reichliche Menge; dünn, breiig, wässrig, mit festen Kotteilchen darin; übelriechend.
Verschlechterung: Morgens.
Auslöser: Kälte, Brot, Gemüse.

Thuja
Dosierung: C30 in
Wasser, ¼-stündlich,
max. 6 Gaben

Plötzlich heraus spritzender Durchfall mit lautem Gurgeln, mit Gasen, bald nach dem Fressen; Bauchgeräusche; Kot: breiig; wässrig, hellbraun. Akut, chronisch.
Auslöser: Impfung, Infektion.

Durchfall, mit großer Schwäche

Sehen Sie auch *Arsenicum album* (Durchfall, durch Verdorbenes).

Veratrum album
Dosierung: C30,
¼-stündlich,
max. 4 Gaben

Infektion; Durchfall verursacht große Schwäche; Kot: gussartig, hellbraun; wässrig; wie Reiswasser; liegt schwach, matt und ruhig; Kollaps; viel Durst. Akut.
Auslöser: Auch durch Verdorbenes; Sommer.

Carbo vegetabilis
Dosierung: C30,
¼-stündlich,
max. 4 Gaben

Zittert nach Durchfall; Schwäche/Kreislauf; Hecheln; Darmgärung; viele faulig riechende Gase; Kot: dünn schleimig; wässrig; breiig; aashafter Geruch. Akut.
Auslöser: Infektion, Verdorbenes.

Durchfall, aasartiger Geruch

Sehen Sie auch *Arsenicum album* (durch Verdorbenes), *Rhus toxicodendron* (durch Nässe),
Carbo vegetabilis (mit Schwäche).

Wie verfaultes Fleisch; Kot: schleimig, blutge-
mischt; rascher Puls/kaum Fieber oder langsamer Puls/Fieber; matt; Kreislaufschwäche!,
Zittern. Akute, schwere Infektionen.

Pyrogenium
Dosierung: C30,
¼-stündlich,
max. 5 Gaben

Durchfall zur Zeit von Zahnung, Zahnwechsel

Riecht nach faulen Eiern; Durchfall: braun-
schleimig; wässrig; Blähungen; krümmt den
Rücken. Trotzköpfig, leidend, unruhig; müde.
Bewährtes Mittel.

Chamomilla
Dosierung: D6,
½-stündlich,
max. 7 Gaben

Saurer, käsiger Geruch; der ganze Hund riecht
evtl. säuerlich; Kot: dünn, heller, nur dünner,
erst normal/dann dünner. Dickköpfig-/bäuchig,
unsicher, stur, Vielfraß.

Calcium carbonicum
Dosierung: C30 in
Wasser, ½-stündlich,
max. 5 Gaben

Durchfall durch Trauma, Verletzung

Jede Verletzungsfolge; Operation, Unfall; Gehirnerschütterung; kann den Kot nicht halten:
breiig, schleimig, evtl. mit Blut; viel Kotdrang;
faulige Blähungen.

Arnica
Dosierung: C30,
¼-stündlich,
max. 5 Gaben

Durchfall durch Überanstrengung

Große körperliche Anstrengung (z. B. Laufen,
Schwimmen, Jagd, Sport); Kot: schleimig;
wässrig; übler Geruch. Ruhelos; kann nicht
ruhig liegen.
Auslöser: Auch Kälte, Nässe, Infektion.

Rhus toxicodendron
Dosierung: C30 in
Wasser, ½-stündlich,
max. 6 Gaben

Durchfall durch Aufregung, Angst

Passt auch zu *Phosphorus* (Durchfall durch Futter).

Argentum nitricum*
Dosierung: C30,
¼-stündlich,
max. 4 Gaben

Zappeliger Typ, der vor Aufregung durchfällig wird; wie »Lampenfieber«, Hecheln; Kot: schleimig; breiig; grünlich; übler Geruch; Durchfall bald nach dem Trinken.
Auslöser: Auch durch Süßes!

Gelsemium
Dosierung: C30,
¼-stündlich,
max. 4 Gaben

Zittert vor Angst; z. B. wenn Leistung, Sport, Jagd direkt gefordert ist; will dem ausweichen; Durchfall: gelbbraun, grünlich; gegoren, mit Kotklümpchen.

Durchfall durch Verwurmung

Abrotanum
Dosierung: D3,
3-mal täglich,
ca. 2 Wochen

Immer wieder Durchfall; breiig; braun; im Wechsel mit normalem Kot; dicker Bauch; Blähung; Magerkeit trotz gutem Appetit; tränende Augen; mattes Fell.

Calcium carbonicum
Dosierung: D12,
1-mal täglich,
über 2 Wochen

Zieht Würmer magisch an, gewichtiger Hundetyp, schlaffe Muskeln; großer Kopf, dicker Bauch, wenig Energie; stur, vorsichtig, lernt langsam. Jugend, Alter.
Hinweis: Auch durch Milch.

Verstopfung (Obstipation)

Ursachen: z. B. Alter, Bewegungs-, Flüssigkeitsmangel, einseitiges Futter, Knochenfütterung, Narkose, Bauchoperation, schwerwiegende Erkrankungen. Der Hund setzt schwer bis keinen Kot ab, presst häufiger, geht klamm. Der Tierarzt ist vonnöten! Die aufgeführten Mittel sind nur nach einer Diagnose anzuwenden.

Nux vomica
Dosierung: D6,
¼-stündlich,
ca. 10 Gaben

Kotpressen ist krampfhaft; zu wenig Bewegung, einseitiges Futter, auch durch Medikamente; geht oft recht klamm; berührungsempfindlich.

Träge, verfressen, verstopft; zu Verstopfung veranlagt; große Kothaufen; schleimüberzogen; braucht zum Kotlassen viel Bewegung; Hautprobleme.

Graphites
Dosierung: D12, stündlich, 4 Gaben, dann 1-mal täglich

In der Fremde, weg von Zuhause; auch Bewegungsmangel; viele Blähungen; frisst viel. Dominant, knurrt beizeiten, weicht aber auch aus; Furcht vor Männern; nachtragend.
Besserung: Bewegung!

Lycopodium
Dosierung: C30 in Wasser, stündlich, max. 5 Gaben

Neigt zu Verstopfung, fühlt sich bei verzögertem Koten wohl; energielos nach Kotlassen. Halbherziger Sturkopf, nicht wirklich dominant, nicht wirklich unterwürfig.

Calcium carbonicum
Dosierung: D12, 2-mal täglich, max. 5 Tage

Nach Narkose (Kastration, Eingriff, Operation); Darm wie gelähmt; erfolgloses Kotpressen oder kein Kotdrang. Teilnahmslos oder unruhig, überempfindlich.
Auslöser: Auch nach Schreck, Schock.

Opium
Dosierung: C30 in Wasser, ½-stündlich, max. 7 Gaben

Durch Bauchoperation (Schnittverletzungsfolge, Kastration); untätiger Darm; schwer abgehender, harter Kot, viel Pressen, evtl. mit Erbrechen, Zittern.
Auslöser: (Ein-)schnitte

Staphisagria
Dosierung: C30 in Wasser, ½-stündlich, max. 7 Gaben

In Gegenwart Fremder kann er keinen Kot lassen; akute Folgen von Kummer, Tierheim, neuer Besitzer; reserviert; schüchtern; unruhiger Schlaf; Mundgeruch.

Ambra*
Dosierung: D6, 3-mal täglich, ca. 1 Woche

An der Meeresküste, direkt beim Aufenthalt, danach, Wochen später; ohnehin trockener Darm; verstopft, wenn er zu wenig trinkt. Zurückhaltend; hart im Nehmen, fremdelt.
Auslöser: Auch Kummer, Strafe.

Natrium chloratum
Dosierung: C30 in Wasser, 2-mal täglich, max. 4 Tage

Analbeutelerkrankungen

Analbeutel werden auch als Duftdrüsen bezeichnet, sie befinden sich als haselnussgroße Säckchen an beiden Seiten des Afters und dienen dem Hund (Hündin und Rüde) zur Duftmarkierung (seine »Visitenkarte«), wobei bei jedem Kotabgang etwas von dem Drüsensekret abgegeben wird. Entzünden sich diese Duftdrüsen (z. B. durch Verstopfung der Ausführungsgänge) rutscht der Hund mit dem Hintern über den Boden, »fährt Schlitten«, als Versuch, den Analbeutel entleeren zu können. Sein After weist Schwellung (ein- oder beidseitig) und Rötung auf, der Hund hat Schmerzen, er hat evtl. Kotabsatzbeschwerden, beleckt oft seinen After, bebeißt evtl. auch seine Rute, das Drüsensekret kann eitrig-blutig sein. Aus der Entzündung wird nicht selten ein Abzess. Mögliche Ursachen: z. B. Veranlagung, lange Haare, Alter, Verstopfung, Verletzung.

Belladonna
Dosierung: C30, stündlich, max. 4 Gaben

Akutes Stadium, Schmerzlaute beim Kratzen, Schlittenfahren, der Hund zeigt erheblichen Berührungsschmerz, gleich zu Beginn der Entzündung.

Mercurius solubilis
Dosierung: D12, stündlich, max. 4 Gaben, dann 2-mal täglich, max. 4 Tage

Ätzende Sekrete, die den After sehr wund machen, heftiger Juckreiz, intensives Belecken; Schlittenfahren, wenn die Entzündung droht, in Eiterung überzugehen. Analfistel.
Verschlechterung: Wärme.

Hepar sulfuris
Dosierung: D12, stündlich, max. 4 Gaben, dann 2-mal täglich, max. 4 Tage

Abszessbildung, oder wenn eitriges Sekret sichtbar wird; super berührungs- und schmerzempfindlich, verträgt keine Kälte; Schwellung einer oder beider Seiten.
Hinweis: Folgt gut nach *Mercurius*.

Silicea
Dosierung: D12, stündlich, max. 4 Gaben, dann 2-mal täglich, max. 4 Tage

Wenn es weiter eitert, oder auch wiederkehrende Analdrüsenentzündung mit Abszessbildungstendenz, z. B. jedes Jahr, in Perioden; auch zur Ausheilung nach eitriger Entzündung der Drüsen. Analfistel.
Hinweis: Passt gut zu *Hepar sulfuris*, aber nicht gemeinsam mit oder in Folge von Mercurius geben!

Fistelbildung, z. B. beim älteren Hund, eines der besten Mittel bei Abszessen im Übergang zur Fistelbildung oder bei derselben; eitrige, gelb-schleimige Sekrete.

Calcium sulfuricum*
Dosierung: D6, stünd-lich, max. 4 Gaben, dann 3-mal täglich, max. 5 Tage

Sehr viel Juckreiz, der Hund ist zu immer wie-derkehrender Analdrüsenentzündung veran-lagt, er riecht oft unangenehm, mag nicht gebadet werden, ist selbstbewusst.
Verschlechterung: Warmwerden, Wasser.

Sulfur
Dosierung: C30 in Wasser, 2-mal täglich, max. 1 Woche

Chronische Analbeutelbeschwerden, der Hund kratzt bis aufs Blut, fährt Schlitten, er riecht sehr unangenehm bis widerlich; oft lange Haare, wiederkehrende Beschwerden.

Psorinum*
Dosierung: C30 in Wasser, 2-mal täglich, max. 5 Tage

Leberstörungen

Die Leber wird z. B. belastet, wenn sie vermehrte Entgiftung leisten muss (z. B. künstliches Futter, Wurmkur, Impfung, Infektion, Toxine), wobei der Hund evtl. weniger Ausdauer, Appetit und Durst hat. Bei akuter Leberent-zündung (Hepatitis) zeigt der Hund Erbrechen, Durchfall, gelb/braunen Urin, Druckschmerz der Leber, Schwäche, evtl. Gelbfärbung der Mundschleimhaut, Fieber. Außer Fieber treten ähnliche Symptome bei Lebertumor auf, aber oft erst im Spätstadium. Der Tierarzt ist vonnöten. Die sanft und schadlos wir-kende Homöopathie ist bei Lebererkrankung von Vorteil.

Leberbelastung
(zur Unterstützung der Entgiftung)

Bewährt bei Leberbelastung, -störung, -vergrö-ßerung; unterstützt die Entgiftung und den Abfluss. Und Diätkost oder fleisch- und fett-arme Kost füttern!
Hinweis: Danach *Taraxacum*.

Carduus marinanus*
Dosierung: D1, 2-mal täglich, ca. 3 Wochen

Taraxacum*
Dosierung: D1,
2-mal täglich,
2 Wochen

Der Löwenzahn hat eine große Beziehung zur Leber, zum Gallensystem, und hat sich zur Entgiftungsunterstützung bestens bewährt. **Hinweis:** Danach *Chelidonium*.

Chelidonium*
Dosierung: D4,
2-mal täglich,
1 Woche

Schläft viel; Wechsel von viel/wenig Appetit, von Durchfall, normalem, zu festem Kot (heller, grau, weißlich, gelb); Bauchdruckschmerz rechts; Afterjuckreiz; niedergeschlagen.

Weitere Lebermittel

Phosphorus
Dosierung: D12,
2-mal täglich,
max. 2 Wochen

Akute Leberentzündung; auch chronisch; Kot: grau-weiß, grün, gelb, Durchfall (bes. morgens); erbricht Futter; Gelbsucht; Blähungen; Bauch: hart, empfindlich. Nervös, schlank, verzagt, anhänglich.
Hinweis: Passt zu *Carduus marinanus*.

Nux vomica
Dosierung: D6,
2-mal täglich,
max. 2 Wochen

Leberschwellung (akut, chronisch); -stauung; Folge von Medikamenten, künstlichem Futter, Fettreichem; eher verstopft; Würgen/Erbrechen. Reizbar; miese Laune, niedergeschlagen.

Natrium sulfuricum
Dosierung: D6,
2-mal täglich,
max. 2 Wochen

Chronische Leberleiden; sehr bewährt, wenn z. B. oft Durchfall (dunkel, grünlich, oft morgens) mit viel Blähungen auftritt; Bauchdruckschmerz; Gelbsucht.

Lycopodium
Dosierung: C30 in Wasser, 1-mal täglich, max. 7 Tage

Chronische Leberstörungen, Typmittel, Hunde, die sich aufspielen, andere dominieren, aber keine Falschheit, sie warnen vorher, ziehen sich zurück, wenn andere größer/dominanter sind; freundlich, aber wenig Selbstvertrauen.
Hinweis: Passt zu *Carduus*, zu *Taraxacum*.

Sulfur
Dosierung: C30 in Wasser, 1-mal täglich, max. 7 Tage

Verdacht auf Leberbeschwerden, neigt zu dünnem Kot, Körpergeruch; selbstbewusster, intelligenter, spielfreudiger Typ, der bei Lob alles gibt, gut hütet und schützt.

Blasenentzündung (Zystitis)

Vermehrter Harndrang, häufiges Harnlassen (z. B. angestrengt, mit Schmerzen, jeweils kleine Menge, nur Tropfen), Harn evtl. nicht halten können, evtl. Fieber, wenig Appetit, Mattigkeit, trüber bis blutiger Urin. Immer Fiebermessen, genug Wasser anbieten, Ruhe, Warmhalten! Häufige Ursachen: Erkältung, Bakterien (dann Fieber), überdehnte Blase (z. B. Hund konnte/durfte länger nicht urinieren), Harnsteine. Den Tierarzt aufsuchen. Die Homöopathie hat sich hier sehr gut bewährt.

Harnblasenentzündung, akut

Ständiger Harndrang, häufiges Harnlassen (bei geringster Neufüllung der Blase); Urinieren: tropfenweise, schmerzhaft, schwer zu halten. Urin: trübe, blutig!; Zittern; Unruhe; hat Durst. Akut, auch chronischer Harnwegsinfekt.
Auslöser: Kälte, Nässe, bakteriell.

Cantharis
Dosierung: D6, ½-stündlich, max. 10 Gaben

Durch trockene Kälte; trockenen Wind (Nordost); schmerzhaftes Harnpressen mit ruhelosen Versuchen; Angst; sehr geringe, aber auch reichliche Urinmenge. Hochakut.

Aconitum
Dosierung: C30, ½-stündlich, max. 5 Gaben

Blutiger Urin, feuerrot; auch trübe; nach langem Pressen geht tropfenweise Urin ab; fortwährender Harndrang!; Fieber; fühlbar heiße Haut; viel Durst; streckt den Rücken.
Auslöser: Kaltwerden.

Belladonna
Dosierung: C30 in Wasser, ½-stündlich, max. 6 Gaben

Brennnesseltee zusätzlich geben!, wirkt harntreibend, heilsam. 1 Beutel oder 1 gehäuften Teelöffel auf 1 Tasse.

Urtica
Dosierung: 1–2 Tassen je Tag, ca. 4 Tage

Harnblasenentzündung durch Kälte, Nässe

Sehen Sie auch *Cantharis, Aconitum, Belladonna* (Harnblasenentzündung, akut).

Pulsatilla
Dosierung: D12,
stündlich,
max. 6 Gaben

»Verliert« Urin, tropfenweise, ein Bächlein (auch vor Freude, unterwürfig); viel Harndrang, Harnlassen schmerzt; Urin: wasserhell, gelb-braun; wenig Durst, evtl. Fieber. Akut, chronisch. Auslöser: Kaltwerden!, Läufigkeit.

Dulcamara
Dosierung: D6,
½-stündlich,
max. 8 Gaben

Folge von Nasswerden (durch-und-durch), auch Wetterwechsel von warm zu kalt; Harnlassen schmerzt (trübe, milchig, schleimig); viel Harndrang in Kälte; gereizte Laune.

Nux vomica
Dosierung: D6,
½-stündlich,
max. 8 Gaben

Krampfhaftes Harnen; (wenig Urin trotz voller Blase); Schmerz sofort danach; gekrümmter Rücken; berührungsempfindlich; angespannt, rasch gereizt, übellaunig. Auslöser: Auch durch Medikament-Nebenwirkung.

Blasenschwäche (Inkontinenz)

Der Hund kann seinen Harn nicht halten, verliert Tropfen oder größere Mengen. Bei Welpen nicht ungewöhnlich, beim erwachsenen Hund ist es krankhaft. Auslöser: z. B. Nervosität, Hormonveränderungen, Kastration, Alter, Harnverhalten, Blasenlähmung, chronische Nierenleiden.

Die jeweiligen Auslöser finden Sie bei den Arzneisymptomen, besondere Auslöser sind extra aufgeführt.

Pulsatilla
Dosierung: D12,
2-mal täglich,
max. 6 Tage

Durch Freude, Kaltwerden, Stress im Haushalt, Alleinsein, zur Zeit der Geschlechtsreife! Auslöser: Auch durch Kaltwerden.

Causticum
Dosierung: D12,
2-mal täglich,
max. 6 Tage

Erschütterung des Körpers, verliert dadurch Harn (z. B. Fahren, Laut geben, Husten, laute Geräusche), auch durch Kälte!, schwache Blase tagsüber/nachts (Tropfen, größere Menge). Auslöser: Auch durch langes Harnverhalten.

Angst, stressige Ereignisse, Aufregung; häufiger Harndrang, es fließt oft wenig Harn, wenn er urinieren »soll«; zittrig; Nervenleiden. Unruhig oder oft schläfrig.

Gelsemium
Dosierung: D12, 2-mal täglich, max. 6 Tage

Nervenbündel, nervlich übererregte Hunde; wütendes Kläffen, lassen im Haus Urin (evtl. auch Kot) ohne Reue; während der Hitze; starker Sexualtrieb.
Auslöser: Auch durch Eifersucht.

Hyoscyamus
Dosierung: C30 in Wasser, 2-mal täglich, max. 5 Tage

»Schüchterne Nieren«, kann in Gegenwart anderer nicht urinieren, macht ins Haus (oft nachts); Blasenschwäche durch Kummer (auch des Halters), beim Husten, Bellen. Fremdelnd, reserviert, angespannt; auch chronisches Nierenleiden.
Auslöser: Auch Baden im Meer.

Natrium chloratum
Dosierung: C30 in Wasser, 2-mal täglich, max. 5 Tage

Schnell gestresst, oft Hündin; gleichgültig, hart im Nehmen, vermännlicht, versucht zu dominieren; schwache Blase oft nachts; viel Harndrang, Urin geht verzögert ab.
Auslöser: Auch Läufigkeit, Tragzeit, Kastration, Alter.

Sepia
Dosierung: C30 in Wasser, 2-mal täglich, max. 5 Tage

Der alte Hund, schlank, mager, unsicher, alles muss »nach Plan laufen«, Angst; ruhelos, bei Krankheit rasch kraftlos, leidet sehr, Blasenschwäche oft nachts; auch chronisches Nierenleiden.

Arsenicum album
Dosierung: D12, 2-mal täglich, max. 5 Tage

Harntröpfeln (als wäre die Blase stets ungenügend geleert), durch Prostatavergrößerung, Infektionen, Impfung, auch schweres Harnlassen, viel Harndrang.

Thuja
Dosierung: C30 in Wasser, 2-mal täglich, max. 5 Tage

Nach Geburt (Hündin), auch nach Operation, Kastration; matt, Unruhe bei Liegen; verliert Tropfen/größere Urinmenge; überempfindlich bei Berührung.

Arnica
Dosierung: C30 in Wasser, 2-mal täglich, max. 4 Tage

GESCHLECHTSORGANE, WEIBLICH

Richtwerte für Geschlechtsreife, -zyklus und Tragzeit der Hündin

- Erste Läufigkeit (Hitze): 6. bis 12. Lebensmonat, spätestens bis zum 18. Monat, je nach Rasse, Größe, Typ.
- Abstand zwischen den Läufigkeiten: ca. 6 bis 8 Monate.
- Dauer der Läufigkeit: 21 Tage.
- Erhöhte Deckbereitschaft: ca. vom 10. bis zum 14. Tag nach Läufigkeitsbeginn, aber eine Befruchtung kann auch außerhalb dieser Zeit erfolgen!
- Nachweis von Trächtigkeit: am genauesten ab 1. Monat nach dem Deckakt.
- Dauer der Trächtigkeit: ca. 63 Tage +/- 5 Tage ab dem Zeitpunkt des Deckens.

Ausbleiben der Läufigkeit (Hitze)

Ausbleiben der Hitze (zeitweise oder völlig) mit Blutausfluss: z. B. Nichteintreten bis zum Alter von 18 Monaten; bei ausgewachsener Hündin ohne ersichtlichen Grund; nach einer Geburt. Ursachen: z. B. Unterfunktion der Eierstöcke, hormonelles Ungleichgewicht, Erkrankung, Veranlagung.

Pulsatilla
Dosierung: D6,
2-mal täglich,
über 3 Wochen

Hitze bleibt aus zur Geschlechtsreife; oder kommt zu spät, zu spärlich!, setzt zeitweise aus!; liebe »Spätzünderin«, begrüßt (fast) jeden freundlich, anhänglich, angepasst.
Auslöser: Hormone, Aufregung, Veranlagung.

Aristolochia*
Dosierung: D12,
1-mal täglich,
max. 2 Wochen

Unterentwickelte Geschlechtsorgane; Hitze kommt nicht; vor allem wenn ungewohnt niedergeschlagen, müde, menschenscheu; Gewichtszunahme; großer Appetit.
Hinweis: Gemeinsam mit *Pulsatilla*.

Graphites
Dosierung: D12,
2-mal täglich,
max. 10 Tage

Träger Typ (wie »schieb-mich-zieh-mich«); Trägheit besser durch längeres Gehen; gefräßig; zu viel/zu wenig Gewicht; ausbleibende Hitze; Hormonmangel; Blähungen; Ekzem, Analdrüsen.

Freundlicher Typ; rasch mollig, unkompliziert; nicht dominant, nicht ängstlich, eher friedfertig, aber auch sturköpfig; Spätentwickler; Unterfunktion der Eierstöcke.

Calcium carbonicum
Dosierung: D12, 2-mal täglich, max. 10 Tage

In Folge von Hormonspritzen zur Unterdrückung der Hitze (sie tritt nicht mehr ein, wenn diese eingestellt werden); Typ: eifersüchtig, selbstständig, selbstbewusst.
Auslöser: Auch wenn 2. Hund kommt.

Lachesis
Dosierung: D12, 2-mal täglich, max. 7 Tage

Folge von Geburt, Säugen der Welpen; erschöpfende Aufzucht; erschöpfte Hündin; Hitze bleibt aus oder ist kaum merkbar.

Sepia
Dosierung: D6, 2-mal täglich, ca. 7 Tage

Läufigkeitsstörungen, Dauerläufigkeit

Bei verlängerter Läufigkeit hält der blutige Ausfluss länger als 21 Tage an. Bei zu häufiger Läufigkeit hat die Hündin 3–4 Hitzen im Jahr, bei unregelmäßiger Hitze wechselt ihr zeitliches Auftreten. Die Dauerläufigkeit tritt vor allem bei älteren Hündinnen auf. Ursachen: Futter, Veranlagung, Stress, Alter, Störungen der Hypophyse, der Eierstöcke, des Hormonhaushalts, Alter, Geschwüre. Klärung der Ursache ist erforderlich.

Zu lange, zu häufige Läufigkeit; starke, kräftig gefärbte Blutausflüsse; auch zu frühzeitige Hitze; Energiebündel, nach kurzer Pause wieder fit; Interesse an allem/jedem; kann nicht alleine sein; Furcht in der Dämmerung.

Phosphorus
Dosierung: D12, 2-mal täglich, max. 4 Tage

Verlängerte Läufigkeit, blutet stark, hellrot; Dauerläufigkeit!; dauerhaft wässrig-roter Ausfluss (vermehrt bei Bewegung); ältere/alte Hündin.

Sabina*
Dosierung: D4, 2-mal täglich, ca. 10 Tage

Dauerläufigkeit; auch verlängerte und zu häufige Läufigkeit; Blutausfluss: stark, spärlich, hellrot, wässrig-rot, dunkelrot; auch aussetzend, bei jeder Gelegenheit wieder einsetzend.

Ustilago maydis*
Dosierung: D6, 3-mal täglich, ca. 5 Tage

Sulfur **Dosierung:** D12, 2-mal täglich, max. 10 Tage	Wird im Jahr zu oft läufig; Folgen von Infekten, Hautausschlägen, Eiterungen, von Antibiotika; bis zu 4 Hitzen im Jahr; starker Körpergeruch (vorher/nachher).
Lycopodium **Dosierung:** C30 in Wasser, 2-mal täglich, max. 5 Tage	Zu häufig läufig, auch zu starker Blutausfluss; schlechte Laune vor der Hitze. Dominiert Rangniedrige, weicht Ranghohen oft aus; intelligent; mag keine Einengung; aktiver Sexualtrieb.
Ipecacuanha **Dosierung:** D6, 2-mal täglich, max. 7 Tage	Zu reichlicher Blutausfluss, jeweils ein Guss, hellrot; evtl. Würgen und Erbrechen während der Läufigkeit; auch Blutausfluss während der Tragzeit.
Pulsatilla **Dosierung:** C30, 1-mal täglich, an 4 Tagen	Unregelmäßige Hitze, mal zu früh, mal zu spät, mal gar nicht (meist zu spät); während der gesamten Hitze ist vieles veränderlich, auch die Gemütslage (bes. vor Eintritt).

Scheinträchtigkeit (Pseudogravidität)

Ungefähr 4 bis 9 Wochen nach Läufigkeit verhält sich die unbefruchtete Hündin so, als ob sie trächtig wäre und Junge bekommt. Anzeichen: Verhaltensänderungen (z. B. müde, träge, aggressiv, nervös, appetitlos), Milchbildung/-sekretion, mütterliches Verhalten (Nest bauen, Spielzeug etc. adoptieren, Beschützer-/Verteidigungsinstinkt, Jaulen). Ursache: z. B. Veranlagung, Hormonstörung (z. B. durch hormonell unterdrückte Läufigkeit, Kastration gleich nach Läufigkeit). Zusätzlich zur Homöopathie hilft wenig Eiweiß und viel Bewegung!

Pulsatilla **Dosierung:** C30, 1-mal täglich, max. 5 Tage	Jault und leidet, braucht Trost; fühlt sich besser bei Bewegung im Freien!; wechselhaft, nachgiebig, anhänglich, gierig/appetitlos, mütterlicher Typ; viel Nestbau; Milchbildung. **Verschlechterung:** Im Haus, Wärme. **Hinweis:** Nicht zu lange geben!

Schwer einschätzbares Verhalten, ungewohnt abweisend, misstrauisch, reizbar, unruhig, ängstlich, apathisch, reserviert; Körpergeruch; zu dick/zu mager; oft dunkles Fell.
Verschlechterung: Fremde, Nässe.

Thuja
Dosierung: C30, 1-mal am Tag, an 4 Tagen

Hysterisches Verhalten; intensiv, kaum zu übersehen/-hören; Winseln, Jaulen; nimmt alles übel; will keinen Trost, will ihre Ruhe; wehrhaft; Nestbau, aber unbeständig, kaum Milch.
Verschlechterung: Aufregung.

Ignatia
Dosierung: C30, 1-mal täglich, max. 6 Tage

Sucht Wärme, Schutz; schläft viel; will ihre Ruhe, aber besser durch Bewegung; nervös, gereizt; Nestbau, Milchbildung; hat sonst unregelmäßige Läufigkeit, früh, zu stark.
Hinweis: Will ungern ins Freie.

Cyclamen*
Dosierung: D12, 1-mal täglich, max. 7 Tage

Milchbildung; Hysterie und Trägheit im Wechsel; starker Eigengeruch; Rüden zeigen weiterhin Interesse; Blähungen, Rülpsen; geräuschempfindlich; aggressiv.
Verschlechterung: Stress, Leistung.

Asa foetida*
Dosierung: D4, 2-mal täglich, max. 10 Tage

Milchrückbildung, hier hat sich die Brennnessel in Potenzierung bewährt.

Urtica
Dosierung: D8, 2–3-mal täglich, max. 7 Tage

Milchdrüsenentzündung (Mastitis)

Kann auch bei Hündinnen auftreten, die nicht säugen (z. B. bei Scheinträchtigen). Rötung, Hitze, Schwellung, Berührungsschmerz einer Drüse oder der ganzen Milchleiste; Fieber, Mattigkeit, wässriger, blutiger bis eitriger Milchfluss. Ursachen: Überbeanspruchung, Verletzung, Bakterien. Pflege: Kühlung, äußerlich *Echinacea*-Tinktur 1:10 mit Wasser verdünnt.

Rot, heiß, geschwollen; berührungsempfindlich; Durst; vor Entzündung evtl. ungewohnt gereizt; hilft rasch, wenn im akuten Stadium gegeben.
Verschlechterung: Druck.

Belladonna
Dosierung: C30, ¼-stündlich, 4 Gaben

Apis
Dosierung: C30,
¼-stündlich,
4 Gaben

Nach *Belladonna*, wenn diese nicht geholfen hat; teigartige, wie zum Platzen gefüllte oder harte, blassrote, rote Schwellung, Wärme bis Hitze; evtl. Fieber, Sekret.
Verschlechterung: Berührung.

Phytolacca
Dosierung: D12,
¼-stündlich,
max. 7 Gaben

Harte Schwellung der Milchdrüse/-leiste; heiß, schmerzhaft; Milchsekret: wässrig, eitrig; auch bei nicht säugender/scheinträchtiger Hündin; auch während der Hitze.
Hinweis: Fieber ist möglich.

Hepar sulfuris
Dosierung: C30,
stündlich,
max. 5 Gaben

Eitriges Sekret; extrem schmerz/berührungs-empfindlich, aber nicht mehr so harte Milch-drüse; empfindlich gegen Kühlung!, Kälte; sucht warme Plätze.

Arnica
Dosierung: C30,
stündlich,
max. 4 Gaben

Mastitis nach Prellung; stumpfer Verletzung; rot, heiß, geschwollen, sehr berührungsemp-findlich; wässrig, blutiges Sekret.

Conium*
Dosierung: D4,
2-mal täglich,
max. 2 Wochen

Harter Knoten am Gesäuge, Folge von Stoß, Schlag, Prellung; schmerzhafte, harte, tumor-artige Schwellung, doch Druck ist verträglich.

Lachesis
Dosierung: D8,
3–4-mal täglich,
max. 3 Tage

Schwellung/Entzündung, wenn die Welpen ab-gesetzt sind; oder in Folge von Unterdrückung der Läufigkeit, Unterbrechung der Trächtigkeit; Milchleiste sehr berührungsempfindlich; ge-reizte Hündin; evtl. schlechtes Allgemeinbefin-den; bewährte Arznei bei Streuung von Bakte-rien und deren Toxinen in die Blutbahn; auch neben Antibiotika.

Entzündung der Vorhaut (Posthitis), der Peniseichel (Balanitis)

Tritt häufig gemeinsam auf (Balanoposthitis), mit Ausfluss (grün-, gelb-eitrig), häufigem Belecken des Rüden, geröteter Eichel, Bildung von klebrigem Schleim/Eiter. Auslöser: Ansammlung von Harn, Vorhautsekret, Bakterien, Viren, Fremdkörperteilchen.

Dicke Absonderungen, gelb-grünlich, grünlich; gerötete, schmerzhafte Eichel; evtl. angestrengtes Harnlassen. Typisch für *Mercurius* sind ätzende, wundmachende Absonderungen, besser durch Kühlung.
Verschlechterung: Abends, nachts, Wärme.

Mercurius sublimatus corrosivus*
Dosierung: C5, 3-mal täglich, max. 9 Gaben

Eitriger Ausfluss; dick, gelb, gelb-grünlich, übelriechend, hartnäckig fortbestehend; schmerzempfindlich, allgemein sehr empfindlich.
Verschlechterung: Kälte.

Hepar sulfuris
Dosierung: D12, 2-mal täglich, max. 12 Gaben

Chronischer Ausfluss; nach dem Urinieren (schleimig, gelb, eitrig); übelriechender Harn/Ausfluss; Juckreiz; starker Sexualtrieb; evtl. Analdrüsenabszess, Warzen.

Acidum nitricum*
Dosierung: D8, 2-mal täglich, max. 10 Gaben

Bei viel Harndrang, häufigem, angestrengtem Harnabsatz, Harntröpfeln; Ausfluss: blutig, eitrig, gelb, schleimig; Juck/Leckreiz; evtl. zusätzlich geben.

Cantharis
Dosierung: D6, 2-mal täglich, ca. 7 Tage

Ausfluss, der wechselhaft ist, mal mehr/mal weniger, mal gar nicht; gelb bis grüngelb, nicht wundmachend; Leckreiz; nähesuchend, anhänglich; mag kühle Plätze.

Pulsatilla
Dosierung: D6, 2-mal täglich, max. 7 Tage

Geschlechtstrieb, übermäßiger

Dieser ist bei Rüden individuell stark ausgeprägt (z. B. Jaulen, Streunen, erhebliche Unruhe, Onanie an z. B. Gegenständen), häufig ausgelöst durch eine läufige Hündin in der näheren/weiteren Umgebung.

Hyoscyamus
Dosierung: C30,
1-mal täglich,
max. 4 Tage

Extremer Sexualtrieb, heftiges Abreagieren, muss sich abreagieren können; ein Nervenbündel, Tendenz zu Angriffslust und Rauferei ohne Reue; frühreif, eifersüchtig.

Calcium carbonicum
Dosierung: C30 in
Wasser, 1-mal täglich,
max. 6 Tage

Gemütlicher Typ; sexuell sehr triebhaft, stur und anhänglich bei Hündin; schwerere Rassen, behäbig, wenig gelenkig, lernt langsam, aber sexuell auffallend agil.

Phosphorus
Dosierung: C30,
1-mal täglich,
max. 4 Tage

Feuer und Flamme, hellauf begeistert von mancher Hündin, zieht seinen Halter hinterher; »charmanter Draufgänger«, Angst beim Alleinsein, empfindlich, beeinflussbar.

Platinum*
Dosierung: C30,
1-mal täglich,
max. 3 Tage

Dominanter Rüde, extremer Sexualtrieb, wechselhafte Laune, Onanie; jede Hündin ist interessant; intelligent, merkt jede Unsicherheit, braucht klare Rangordnung; ist rasch erregt, wütig.

Nux vomica
Dosierung: C30,
1-mal täglich,
max. 4 Tage

Hektische Hypersexualität, aber unsicher, zudringlich; macht Hündin nervös; nervlich/körperlich angespannter Typ; beißt bei Angst/Stress; ruhelos in der Fremde.

Sulfur
Dosierung: C30,
1-mal täglich,
max. 4 Tage

Selbstbewusster Sexist; freundliche Kontaktsuche, rasch erregbar; robust, immer hungrig/durstig; mag kein Wasser/Baden; liebt Spielen, Beifall, Lob, wälzt sich mit Genuss.

Stramonium
Dosierung: C30,
1-mal täglich,
max. 3 Tage

Auf seinen Menschen fixiert; starke Bindung; Angst beim Alleinsein (zerstört evtl. Gegenstände); unberechenbar, wenn erregt; heftiger Sexualtrieb, teils aggressiv; Onanie.

Vergrößerung der Vorsteherdrüse (Prostatahypertrophie)

Zur Vergrößerung der Vorsteherdrüse beim oft älteren Rüden kommt es häufig dann, wenn sein Hormonhaushalt aus dem Gleichgewicht gerät, was z. B. aus Altersgründen oder in Folgen von unregelmäßigem Decken oder nicht artgerechtem Decken passieren kann. Die Prostata umgibt die Harnröhre und liegt unterhalb des Mastdarms. Im Gegensatz zum Mann hat der Rüde weniger Beschwerden beim Harnlassen (geringer Strahl, geringe Menge, langes Warten), sondern vielmehr beim Kotabsatz. Die Diagnose ist vonnöten. Die Homöopathie hat hier bewährte Mittel, auch als begleitende Therapie.

»Enthaltsamkeit«, wenn Rüden länger nicht mehr im Deckeinsatz waren, oder bei unregelmäßigem Decken in langen Pausen; Ausfluss von Prostatasekret, viel Harndrang, Schwäche und Zittern nach dem Koten.

Conium*
Dosierung: D6,
2-mal täglich,
länger geben

Beschwerden beim Kotabsatz, der Hund quält sich, evtl. auch zeitweilige Beschwerden beim Gehen und/oder Sitzen (»als befinde sich im Becken eine Kugel«).
Hinweis: Evtl. nach Pause wiederholen.

Sepia
Dosierung: D12,
1-mal täglich,
max. 10 Tage

Wenn Entzündung voranging; erstes Mittel bei Prostatitis, auch mit Beschwerden nach Harnlassen (Unwohlsein), Wechselhaftigkeit; desgleichen bei Schwellung; ältere Rüden.
Hinweis: Evtl. nach Pause wiederholen.

Pulsatilla
Dosierung: D6,
2-mal täglich,
max. 10 Tage

Der alte Rüde, oft bewährt im Alter mit all seinen Erscheinungen, Vergrößerung mit Harndrang oder/und Kotabsatzproblemen; evtl. wenig Appetit, zurückgezogen, scheu, traut sich nicht.
Hinweis: Nach guter Pause evtl. wiederholen.

Barium carbonicum*
Dosierung: D12,
1 ml täglich,
ca. über 2 Wochen

Rheuma
(Sehnen, Muskeln, Gelenke)

Unter »Rheuma« (griech. = reißender, ziehender Schmerz) fallen alle Krankheiten des Bewegungsapparates, die nicht durch Verletzung, Infektion oder tumoröse Veränderung verursacht sind. Sind Gelenke betroffen (nicht infektiöse Gelenkentzündung), so schwellen diese an bis hin zum Gelenkerguss. Anzeichen: Schmerz, Lahm-, Steifheit, (oft schubweise auftretend, schlechter/besser: in Ruhe, durch Bewegung, Wärme, Kälte), Schwellung, Verhärtung, wandernde Muskel-Gelenkleiden, evtl. Mattigkeit, wenig Appetit. Häufige Auslöser: Eiterherde, Veranlagung, Erkältung, Stoffwechsel, Ernährung, Klima. Die tierärztliche Diagnose ist notwendig.

Muskelrheuma, Besserung durch Bewegung

Rhus toxicodendron
Dosierung: D12,
2-mal täglich,
ca. 5 Tage oder länger

Hund läuft sich ein; er geht erst lahm/klamm, geht zunehmend besser, Schmerz/Lahmheit kehrt nach Anstrengung evtl. wieder. Akut, weniger akut. Beine, Rücken, Lende, Hals.
Auslöser: Nässe, Überanstrengung.

Pulsatilla
Dosierung: D12,
2-mal täglich,
max. 1 Woche

Veränderliche Beschwerden (mal so, mal so). Freundlich, findet jeden nett, unterwürfig, auch mal zickig, schmust gerne, sucht Nähe/Anschluss. Akut, weniger akut. Beine, Hüfte.
Auslöser: Veranlagung, unterdrückte Hitze.
Verschlechterung: Wärme!

Rhododendron
Dosierung: D6,
2-mal täglich,
ca. 4–7 Tage

Wetterfühlig, Rheuma ausgelöst/verschlechtert: vor oder beim Erscheinen von Regen, Sturm oder Gewitter; wechselhafte Beschwerden. Akut, weniger akut, chronisch. Beine, Hals.

Sulfur
Dosierung: D12,
1-mal täglich,
max. 1 Woche

Durch Nässe, Kälte, Bewegungsmangel; läuft sich ein; Fell-/Hautprobleme; geruchsintensiv; Stoffwechsel; weniger akut, chronisch. Rücken, Hinterläufe.

Muskelrheuma, Bewegung verschlechtert

Passt auch zu *Rhus toxicodendron* (Muskelrheuma, besser durch Bewegung), da schlechter am Ende der Bewegung.

Jede Bewegung schmerzt; liegt auf der schmerzhaften Seite; evtl. auch besser durch fortgesetzte Bewegung. Gereizt, wenn er nicht in Ruhe gelassen wird; viel Durst. Alle Körperbereiche.

Bryonia
Dosierung: D6,
3-mal täglich,
ca. 4–7 Tage

Mag keine Berührung (Furcht, Ausweichen, Schmerzlaute, gereizt, bissig); häufiger Lagewechsel im Liegen, will seine Ruhe; liegt viel; wenig Energie. Alle Körperbereiche.
Auslöser: Verletzung, Überanstrengung.

Arnica
Dosierung: C30 in
Wasser, 2-mal täglich,
max. 4 Tage

Muskelrheuma, Hals-, Rücken- und Lendenbereich

Sehen Sie auch *Rhus toxicodendron* und *Sulfur* (Besserung durch Bewegung) und *Arnica* (Bewegung verschlechtert).

Bewährtes Mittel; steif und lahm, kann sich schwer/kaum bewegen; anfallsweise auftretend; sehr schmerzhaft, empfindlich: Berührung, Geräusch. Akut, chronisch.
Auslöser: Nässe, Kälte.

Nux vomica
Dosierung: D6,
stündlich oder 3-mal
täglich, max. 7 Gaben

Bewegung bessert; Rücken-Lendenbereich; staksige Bewegung; Hund riecht übel; er kann nicht ruhig liegen; häufige Lageänderung.
Auslöser: Nasskaltes Wetter.

Mercurius solubilis
Dosierung: D12,
stündlich oder 3-mal
täglich, max. 6 Gaben

Rücken-, Halsbereich; krampfhaft nach einer Seite gehaltener Kopf (oft rechts); oder steifes im Rücken, kann von Sitz/Platz kaum hochkommen. Akut, weniger akut.
Auslöser: Zugluft, trockene Kälte, Wärme.

Causticum
Dosierung: D12,
stündlich oder 3-mal
täglich, max. 7 Gaben

Gelenkentzündung, nichtinfektiöse (Arthritis)

Gehört zu den rheumatischen Erkrankungen. Nähere Angaben siehe unter »Rheuma«.

Gelenkentzündung, akute

Belladonna
Dosierung: C30,
stündlich,
max. 5 Gaben

Schwellung, Hitze, Schmerz des Gelenks; Hund geht akut lahm; jede Erschütterung und Berührung schmerzt; viel Durst, evtl. erhöhte Körpertemperatur.
Auslöser: Kälte, Nasswerden.

Apis
Dosierung: D6,
stündlich,
max. 8 Gaben

Ödematöse Schwellung; wassersuchtartig; teigartig, auch hart; jede Berührung schmerzt sehr; Bewegung fällt schwer; matt, ruhelos.
Verschlechterung: Wärme.

Bryonia
Dosierung: D6,
stündlich,
max. 8 Gaben

Gelenkschwellung; Erguss; jede Bewegung schmerzt!; liegt auf der schmerzhaften Seite; Druck bessert; großer Durst, trinkt viel auf einmal; will in Ruhe gelassen werden. Knie-, Schulter-, Sprunggelenk.

Ledum
Dosierung: D6,
stündlich,
max. 8 Gaben

Kälte bessert (Wasser, Umschläge, Witterung); wenig Gelenkerguss; Lahmgehen teilweise besser oder schlechter durch Bewegung; sucht Kühlung. Akut, chronisch. Oft Knie-, Fußgelenke.

Gelenkentzündung, weniger akute

Passt auch zu *Ledum* (Gelenkentzündung, akute), *Rhus toxicodendron* (Muskelrheuma, Besserung durch Bewegung).

Pulsatilla
Dosierung: D6,
3-mal täglich,
max. 3–5 Tage

Veränderliche Beschwerden; mal hier, mal dort; mal mehr, mal weniger Lahmheit. Hund leidet auffallend, sucht Nähe; sucht Kühlung, liebt Trost, Massage; wenig Durst.

Wandernde Beschwerden, (erst links, dann rechts; von oben nach unten); Arthritis tritt schubweise auf; mit Urinveränderung, mit Augenleiden; Sehnen-, Muskelbeschwerden.
Verschlechterung: Ruhe, Druck.

Acidum benzoicum*
Dosierung: D12, stündlich, max. 6 Gaben

Folge von Impfung, auch von Infektionen; plötzliche Auftreten und Nachlassen der Beschwerden; wechselhaftes Lahmgehen; Knacken der Gelenke. Auch chronisch.
Besserung: Bewegung, Wärme.

Thuja
Dosierung: C30 in Wasser, 3-mal täglich, max. 4 Tage

Im Frühjahr und Herbst; Arthritis wandert häufig von der linken zur rechten Seite; geringste Bewegung/Berührung schmerzt; Hitze und Gelenk geschwollen, warm; Blähungen.
Auslöser: Nasskaltes Wetter.

Colchicum*
Dosierung: D6, 3–4-mal täglich, max. 4 Tage

Gelenkentzündung, chronisch (Arthrose)

Wurde bei Ihrem Hund Arthrose diagnostiziert, so ist diese nicht heilbar, wobei man seine Beschwerden durch Homöopathie gut lindern kann. Die Arthrose, die auch als »Gelenkverschleiß« bezeichnet wird, beginnt mit leichten Veränderungen der knorpeligen Gelenkoberfläche. Der Knorpel, der normalerweise glatt ist, weist Unebenheiten auf, und die Knorpelschicht wird dünner, bis sie teilweise verloren geht. Der Gelenkspalt verschmälert sich, und die Gelenkkapsel verliert ihre Elastizität. In späteren Stadien reagiert auch der Knochen mit Wucherungen, bis sich evtl. das ganze Gelenk verformt. Folgen sind eingeschränkte/schmerzhafte Beweglichkeit, Lahmgehen, auch Einlaufen des Hundes. Es gibt die Arthroseform, die durch Überbeanspruchung (auch zu frühzeitige) entstanden ist, und diejenige, welche sich z. B. aus einer nicht ausgeheilten akuten Arthritis entwickelt hat.

Basistherapie bei Arthrose

Die Brennnessel ist Bestandteil vieler Gelenkmittel, nicht zuletzt durch ihre entzündungswidrige, ausleitende Wirkung.

Urtica
Dosierung: D1, 1-mal täglich 1 Tablette

Causticum
Dosierung: D12,
2-mal die Woche

Als wöchentliche Gabe, gemeinsam mit *Thuja* hat sich *Causticum* vielfach bewährt, aber nicht gemeinsam an einem Tag.

Thuja
Dosierung: D12,
2-mal die Woche

Degenerative Prozesse, wenn z. B. Gelenk und Knochen entarten, sich Wucherungen bilden. Im Wechsel mit *Causticum*.

Weitere Mittel bei Arthrose

Traumeel*
Dosierung: 1-mal
täglich, 1 Tablette

Lindert oft die Beschwerden; wenn Sie kein Einzelmittel passend finden, kann *Traumeel* recht gut bei Arthrose wirken. Nicht gemeinsam mit anderen Mitteln anwenden!

Rhus toxicodendron
Dosierung: D12,
1-mal täglich,
länger geben

Wenn sich der Hund einläuft, ist dieses Mittel oft hilfreich; er läuft im Beginn schwer, wird in der Bewegung besser, zeigt nach dem Gehen evtl. wieder Beschwerden.
Verschlechterung: Kälte, Nässe!

Bryonia
Dosierung: D6,
2-mal täglich,
länger geben

Der Hund vermeidet Bewegung, möchte am liebsten nicht laufen, ist schwer zu bewegen, er läuft sich evtl. ein, hat aber bald wieder Beschwerden beim Gehen.

Acidum benzoicum*
Dosierung: D6,
2-mal täglich,
max. 2 Wochen,
evtl. nach Pause
wiederholen

Bei gleichzeitigem Nierenleiden, oder auch Herzerkrankung, kann dieses Mittel durchaus hilfreich sein. Urin ist evtl. dunkel gefärbt oder im Endstrahl dunkel.

Calcium carbonicum
Dosierung: D6,
2-mal täglich,
7 Tage geben, 7 Tage
Pause, wieder 7 Tage
geben

Deformiertes Gelenk, deformierte Knochen, vor allem im Bereich: Schulter, Hüfte, Knie; sollte gemeinsam mit *Calcium fluoratum* gegeben werden.
Hinweis: Nicht länger als 1 Monat anwenden, siehe 2 »Dosierung« (Gaben + Pausen!).

Wechselhafte Beweglichkeit, mal besser, mal schlechter bei Bewegung, Hund liebt Wärme, warme Plätze. Sehr bewährtes Mittel bei Arthrose, gut mit *Calcium carbonicum.*
Hinweis: Nicht länger als 1 Monat anwenden.

Calcium fluoratum*
Dosierung: D6
2-mal täglich, 7 Tage geben, 7 Tage Pause, wieder 7 Tage geben

Sehnenüberbeanspruchung, Sehnenscheidenentzündung (Tendovaginitis)

In beiden Fällen geht der Hund auf dem betroffenen Bein lahm (gering-, mittel-, hochgradig), bei starker Beanspruchung und vor allem bei Entzündung fühlt man eine warme Schwellung. Wiederholte Überbeanspruchung, z. B. durch Sport, Jagd, oder Verletzung sind oft die Ursache. Der Hund braucht Ruhe, evtl. Ruhigstellung des Beines.

Durch Übermüdung; hat im Falle von übermäßigem Laufen (Sport, Jagd) bei wechselhaftem Gelände, Untergrund gemeinsam mit *Rhus toxicodendron* und *Bryonia* gut geholfen.

Arnica
Dosierung: C30,
2-mal täglich,
max. 6 Gaben

Überanstrengung, Entzündung von Sehnen, Bändern; auch Zerrung, geringes, mittel- bis hochgradiges Lahmgehen; leichte Bewegung bessert oder verschlechtert.
Hinweis: Mit *Bryonia*, *Arnica*.

Rhus toxicodendron
Dosierung: D12,
2–3-mal täglich,
max. 4 Tage

Bewegt sich nicht; vermeidet jede Bewegung, rührt sich ungern vom Fleck; Verband bessert sehr; warme Schwellung; Wärme/leichte Massage ist angenehm!
Hinweis: Mit *Rhus toxicondendron.*

Bryonia
Dosierung: D6,
3-mal täglich,
max. 7 Tage

Chronische Überbeanspruchung (Sehnen, Bänder); akut bis chronische Entzündung; Lahmheit, Wärme, Schwellung; auch knotige Sehnenverdickung.
Verschlechterung: Durch Bewegung!

Ruta
Dosierung: D6,
3-mal täglich,
max. 7 Tage

Calendula
Dosierung: D6,
3-mal täglich,
ca. 7 Tage

Zerrungen (Sehnen, Bänder), z. B. Haarrisse bei Überdehnung; auch bei Sehnen/Bänderdurchtrennungen bewährt.
Hinweis: Mit *Ruta*.

Silicea
Dosierung: D6,
2-mal täglich,
max. 7 Tage

Chronische Entzündung (Sehnenscheide und Schleimbeutel); Beziehung zum Bindegewebe; evtl. stellenweise harte, derbe Verdickung; auch zur Nachbehandlung.

Calcium phosphoricum*
Dosierung: D6,
2-mal täglich,
max. 7 Tage

Langsame Heilung von Entzündung, Zerrung, auch chronischer Überanstrengung; leidet unter Schmerzen, geht immer wieder lahm, »Zappelphillip«, sensibel.
Hinweis: Evtl. mit *Silicea*.

Wirbelsäule, Rückenmark

Bei Bandscheibenschäden drückt die stoßdämpfende Bandscheibe (abgenutzt, herausgedrückt, verschoben bis vorgefallen) auf die Nervenfasern des Rückenmarks, wodurch Rückenschmerzen bis zu plötzlicher Lähmung auftreten (z. B. Hinterläufe, Halswirbel). Weitere Auslöser: Unfall, Prellung. Symptome je nach Grad/Form: Schmerzschrei, aufgezogener Rücken; klammer Gang; Unwendigkeit, harter Bauch, starker Berührungsschmerz, evtl. kein Harn/Kotabsatz; gefühllose Beine, kein Schmerz.

Nux vomica
Dosierung: D6,
stündlich oder
4-mal täglich,
max. 10 Gaben

»Dackellähme«; auch andere Rassen; erfolgt nach Anstrengung; Nachschleppen der Hinterhand; verkrampfter Gang; aufgekrümmter Rücken; großer Berührungsschmerz.
Besserung: Wärme.
Hinweis: Mit *Hypericum*.

Hypericum
Dosierung: D2,
stündlich oder
4-mal täglich,
max. 12 Gaben

Gequetschte Nerven; gestaucht; durch Bandscheibenvorfall, Prellung, Unfall; mit Steifigkeit, Lähmung; sehr druckschmerzempfindliche Wirbelsäule. Niedergeschlagenheit.
Hinweis: Mit *Nux vomica, Calendula*.

Mittel bei Quetschung, auch von nervenreichem Gewebe; sollte immer zusätzlich versucht werden; schwere, taube Hinterläufe; jede Bewegung schmerzt; nachts schlechter.

Calendula
Dosierung: D4, 4-mal täglich, max. 10 Gaben

Ruhelosigkeit, wirkt trotz Schmerzen in sich ruhelos, ängstlich; lahme, taube bis gelähmte Hinterläufe; kann aber nicht ruhig liegen.
Passt zu *Hypericum*, *Calendula*.
Besserung: Sucht Wärme.

Rhus toxicodendron
Dosierung: D12, 2-stündlich, max. 6 Gaben

Wankt beim Gehen; Anfälle von lähmungsartiger Schwäche der Beine; knickt ein; wechselhafte Lahmheitserscheinungen, mal rechts, mal links; schmerzhafte Lende.
Hinweis: Nicht mit *Nux vomica*.

Cocculus
Dosierung: D6, stündlich, max. 7 Gaben

Schleichende Entwicklung; auch anhaltende Lähmung; oft rechtsseitig; oft Hinterläufe; Schwäche, Steifheit, Klammheit, Zittern beim Gehen; Rücken-, Halsregion.
Verschlechterung: Zugluft, trockene Kälte.
Besserung: Feuchte Luft, feuchtes Wetter.

Causticum
Dosierung: D12, 3-mal täglich, max. 4 Tage

Wenn der Hund jede Bewegung vermeidet, regungslos liegt, bei Berührung schreit, nicht angefasst werden und sein Ruhe haben will; evtl. aggressiv; sucht Wärme; hat sehr viel Durst. Halswirbel-, Lendenwirbelsäule
Besserung: Wärme, Ruhe

Bryonia
Dosierung: D6, stündlich, max. 8-10 Gaben oder 3-mal täglich, max. 4 Tage

Haarausfall, krankhafter (Alopecia)

Ursachen: z. B. Veranlagung, Ungleichgewicht der Hormone, des Stoffwechsels; Ernährungsfehler, Haltung, Nierenerkrankung, seelisch-nervliche Faktoren. Haarlichtung, -ausfall, vereinzelt, klein-/großflächig, klar umrissene bis kreisrunde Bezirke, auch über den ganzen Körper, mit/ohne Juckreiz. Diagnose (auch Parasitenbefall) ist zu klären.

Pel talpae* oder Talpa europaea **Dosierung:** D4, 2-mal täglich, max. 2 Monate	Über den ganzen Körper; vereinzelte, auch viele bis großflächig haarlose Stellen; oft büschelweise zu ziehen. Bewährtes Mittel, evtl. mit einem anderen Mittel.
Sepia **Dosierung:** D12, 2-mal täglich, max. 7 Tage	Hormonstörungen; oft Hündin; Fell lichtet sich. Selbstständiger Typ, wenig schmusig; eher gleichgültiger; hat gerne seinen Menschen um sich, möchte aber seine Ruhe.
Phosphorus **Dosierung:** D12, 2-mal täglich, max. 10 Tage	Büschelweise; Flecken; feines Haar. Feingliedriger Typ, anhänglich, begeistert über alles/ jeden; sexuell; unruhig; unleidlich bis aggressiv, wenn die Beachtung fehlt. **Auslöser:** Niere, Trockenfutter, Nerven; Cortison.
Lycopodium **Dosierung:** C30 in Wasser, 2-mal täglich, max. 7 Tage	Haarbruch; bricht an einzelnen Stellen ab; auch Haarausfall; kriegt graue Haare. Dominiert, aber wenig Selbstvertrauen; wird unangenehm, wenn zuviel Druck ausgeübt wird. **Auslöser:** Leberstörung.
Graphites **Dosierung:** D12, 2-mal täglich, max. 10 Tage	Hormonelle Unterfunktion; oft Schilddrüse, auch Keimdrüsen; Hautprobleme; Ekzem; Ohr-/Gelenkbereich; stellenweise Haarausfall. Verfressen, träge, wird rasch dick.

Schuppenbildung; trockene Haut; Haarausfall
an kleinen Stellen, oft klar umschrieben, kreis-
rund. Reserviert, treu, angespannt, aggressiv
bei Zudringlichkeit Fremder.
Auslöser: Kummer, Trockenfutter.

Natrium chloratum
Dosierung: C30 in
Wasser, 2-mal täglich,
max. 7 Tage

Durch Stoffwechselstörung, Antibiotika, unterdrückte Hautleiden; riecht oft unangenehm.
Selbstbewusst; erforscht alles; fordert Aufmerk-
samkeit; hat viel Durst.

Sulfur
Dosierung: D12,
2-mal täglich,
max. 5 Tage

Schuppenbildung

Manche Hunderassen neigen zu fettiger Haut mit fettig-öligen Schuppen
(geruchsintensiver), andere zu trockener, schuppiger Haut. Ursachen: z. B. einseitiges Futter, Vitaminmangel, Stoffwechsel-/Hormonstörungen, Bakterien,
Parasiten, Pilze. Ursachen abklären, die Homöopathie hilft hier sehr gut.

Weißliche Schuppen auf geröteter Haut;
trockene Haut, feine Schuppen; evtl. Juckreiz.
Sucht warme Plätze; viel Durst auf kleine
Mengen; evtl. mattes Fell.

Arsenicum album
Dosierung: D12,
2-mal täglich,
max. 7 Tage

Trockene Haut; mehlige Schuppen bei blasser
oder üblicher Hautfarbe; Juckreiz nach Schlaf.
Ruhiger Typ, liebt sein Futter, sein Zuhause,
lernt langsam, behält aber alles.

Calcium carbonicum
Dosierung: D12,
2-mal täglich,
max. 7 Tage

Trockene Haut, seltener fettige Haut; strenger
bis übler Körpergeruch; evtl. starker Juckreiz
vermehrt nach dem Baden!, durch Wärme.
Auslöser: Stoffwechselstörung, Antibiotika.

Sulfur
Dosierung: D12,
2-mal täglich,
max. 7 Tage

Fettige Haut; reichlich weiße Schuppen;
auch mehr Eigengeruch; Juckreiz; Folgen von
Impfung!, Infektion, Hautausschlag unter-
drückende Therapie.

Thuja
Dosierung: C30 in
Wasser, 1-mal täglich,
ca. 7 Tage

Sepia
Dosierung: C30 in Wasser, 1-mal täglich, ca. 7 Tage

Hormonveränderung; oft Hündin; Folge von Läufigkeit, Trächtigkeit, Geburt, Säugen; Schuppen trocken oder fettig; »Hundegeruch«.
Hinweis: Nach Läufigkeit geben.

Oleander*
Dosierung: D6, 2-mal täglich, max. 7–10 Tage

Große weiße Schuppen, die sich in großen Flocken ablösen; viele, trockene Schuppen; Juckreiz; evtl. Ekzembildung; evtl. viel Appetit.

Hautpilzerkrankungen (Dermatomykosen)

Hautpilze brauchen zu Wachstum und Sporenbildung ein gewisses Milieu, das vor allem von der Hautbeschaffenheit, Abwehrlage und Verfassung des Hundes abhängt, auch Antibiotika kann Hautpilze fördern. Abgegrenzte Hautbezirke mit abgebrochenen Haaren (Bezirke erweitern sich nach außen); auch abgelöste Haarbüschel mit weiß/gelber Masse an der Wurzel; Schuppen/Krusten, unter denen sich gelbe Flüssigkeit bildet; Knötchen; Pusteln. Die Diagnose ist vonnöten.

Ichthammol
Dosierung: Tierarzt, Apotheke.

Empfehlung: Die auf Basis von Schieferöl hergestellte, antimykotisch wirkende Salbe *Ichthammol* (Tierarzt) oder *Ichtholan* (Apotheke).
Hinweis: Keine Homöopathie.

Echinacea-Salbe, Tinktur*
Dosierung: 2-mal täglich auftragen

Salbe oder Tinktur haben sich mehrfach bei hartnäckigem Hautpilz (kleinflächig) bewährt; erwirkt vermutlich eine Verbesserung der Hautflora; auch zur Nachbehandlung.
Hinweis: Tinktur 1:10 mit Wasser verdünnt.

Mezereum*
Dosierung: D8, 3-mal täglich, ca. 7 Tage

Krusten an der Haarwurzel, bei Ablösung wird ein Sekret sichtbar (gelb, gelbweiß, weißlich, klebrig); zerstört die Haare; sich ausbreitender Hautpilz; Juckreiz.

Zerstört die Haare; runde Stellen; sich ausbreitend; auch ineinander fließend; mit Krusten, evtl. Pusteln bedeckt; Sekret: gelb; talgartig, auch blutig; Juckreiz; Unruhe.
Verschlechterung: Oft Kälte.

Mercurius solubilis
Dosierung: D6, 2–3-mal täglich, mehr als 4 Tage

Reaktionsmittel, anfangs nach Antibiotika, sonst als Zwischengabe; zur Nachbehandlung. Hat sich auch allein bei Hautpilz bewährt (wenn Ähnlichkeit).

Sulfur
Dosierung: D12, 2-mal täglich, max. 7 Tage

Hartnäckiger Hautpilz, vor allem in Falten, Beugen; chronisch fortbestehend; starker Juckreiz (vermehrt bei Wärme); Krustenbildung mit gelben Sekreten; dunkelbraune Schuppen.
Hinweis: Wiederholung lange abwarten.

Psorinum*
Dosierung: D30 in Wasser, 2-mal täglich, max. 4 Tage

Hautentzündung (Dermatitis)

Hierzu gehören eine Reihe von entzündlichen Hauterkrankungen, wie z. B. auch verschiedene Ekzeme. Wird die vorgeschädigte Haut mit Eiterbakterien (Pyodermie) besiedelt, entstehen meist oberflächliche Pyodermien (wozu auch der »Hot Spot« gehört) bis hin zu tiefen Pyodermien (Phlegmone, »Einschuss«). Der Hot Spot kann sich aus einem ekzemartigen, nässenden Ausschlag entwickeln, ausgelöst durch Kratzen/Verletzung, mit schmierig-eitrigen bis krustig-harten Belägen und viel Berührungsschmerz. Der Tierarzt ist vonnöten. Homöopathie wirkt begleitend ausgezeichnet. Äußerlich *Traumeel* Salbe anwenden.

Hautentzündung, akut (Anfangsmittel)

Plötzliche Entzündung; tritt mit Heftigkeit auf; heiße, rote Hautpartie (Hot Spot); geschwollen, super schmerzhaft; super berührungsempfindlich; Folge von Kratzen.

Belladonna
Dosierung: C30, ¼-stündlich, max. 5 Gaben

Chamomilla
Dosierung: C30,
¼-stündlich,
max. 5 Gaben

Lässt sich nicht berühren; ist widerwillig bis wehrhaft, auch Wut, Jaulen/Klagen bei Berührung sehr entzündeter Haut; evtl. Folge von Stress, Ärger in der Vorgeschichte.
Besserung: Durch Ablenkung.
Hinweis: Passt zu *Belladonna*.

Apis
Dosierung: C30,
½-stündlich,
max. 5 Gaben

Hautschwellung; starker Juckreiz, Hautbeläge sehen blassrot und glasig aus (wie blass, feucht-glibberig); sehr berührungsempfindlich, nässende Absonderung.
Besserung: Kühlung.

Hautentzündung, eitrig, oberflächlich

Hepar sulfuris
Dosierung: D12,
stündlich,
max. 8 Gaben

Extrem berührungsempfindlich, schmerzempfindlich, juckend; heiße Hautpartie; dick-/dünneitrig-schmierige Beläge (Strepto-/Staphylokokken); verträgt keine Kälte!
Hinweis: Passt zu *Silicea*.

Mezereum*
Dosierung: D8, 2-mal
täglich, ca. 7 Tage, ggf.
wiederholen

Intensiver Juckreiz vor/bei Entzündung, sie beginnt mit kleinsten Bläschen, dann Eiterung, dann Krusten/Borken (darunter eitrige Sekrete); super berührungsempfindlich.

Silicea
Dosierung: D6,
stündlich,
max. 10 Gaben

Nässende Hautausschläge, die in Eiterung übergehen (z. B. Folge von Kratzen); viel Juckreiz; grauer, gelber, dünnflüssiger übelriechender Eiter, hartnäckige Eiterung; wärmeliebend.

Ranunculus bulbosus*
Dosierung: D6, stündlich, max. 10 Gaben

Wenn Verschorfung bleibt (harte, hornartige! Beläge nach Hot Spot oder/und Entzündung); auch wie raues Sandpapier; während/nach Eiterung. Sehr bewährt.

Hautentzündung, eitrige, mit gestörtem Allgemeinbefinden

Die zwei aufgeführten Mittel gemeinsam anwenden.

Streuung in die Blutbahn; geringer gestörtes
Allgemeininfektion in Gegensatz zu *Pyrogenium*; viel Durst; matt, kaum Fieber; schmierig-
blutige-eitrige-grünliche Sekrete, übler Geruch.

Lachesis
Dosierung: C30,
¼-stündlich,
max. 5 Gaben

Allgemeininfektion, mit Schwäche, Sepsis,
Schwellung; blasse oder grau-grüne, sehr übel-
riechende Sekrete (wie faulig), schneller
Puls/kein Fieber; langsamer Puls/Fieber.

Pyrogenium
Dosierung: C30,
¼-stündlich,
max. 4 Gaben

Ekzem

Sehen Sie auch unter »Hautentzündungen« (Anfangsmittel), da ein Ekzem
nicht selten von Bakterien besiedelt wird (z. B. Kratzen, Schmutz, Salben),
worauf häufig Hautentzündung (mit/ohne Eiter) folgt. Ekzem beim Hund,
vererbt oder erworben, tritt in verschiedenen Stadien (akut bis chronisch)
und individuell unterschiedlichen Formen und Symptomen auf (z. B. Juckreiz,
Bläschen, Schorfe, Risse, Örtlichkeit). Dabei sollte man auch an Ableitung/Ent-
giftung innerer Vorgänge durch die Haut denken. Die Diagnose ist vonnöten.

Ekzem, Basistherapie

Entgiftung; zudem hat die Brennnessel aller-
beste Wirkung bei entzündlichen Prozessen,
Schwellung, bei Juckreiz. Urtinktur oder Tee.

Urtica
Dosierung: Urtinktur,
1-mal täglich 5 Tropfen,
ca. 30 Tage

Hilfreiche Salbe, die wenig unterdückt, sondern
das Hautmilieu verbessern und vor Entzündung schützen kann.

Echinacea-Salbe
Dosierung: Bei Bedarf,
1-mal täglich

Ekzem: nässend, rissig, krustig, eitrig

Träge; verfressen; mollig; Hautnässen nach
starkem Jucken; klebrig, gelb-honigartig;
Krusten; Risse (oft tiefe); blutend; verdickte,
lederartige, rissige Haut.
Verschlechterung: Wasser, Wärme.

Graphites
Dosierung: C30 in
Wasser, 1-mal täglich,
max. 7 Tage

Calcium carbonicum
Dosierung: C30 in Wasser, 1-mal täglich, max. 7 Tage

Schwitzt schnell; wenig Elan und Mut; behäbiger Typ; neigt zur Sturheit, sonst problemlos; Juckreiz; dicke feuchte (evtl. weiße) Krusten; nässend; eitrig; Juckreiz; auch rissige Haut.
Verschlechterung: Bewegung.

Ekzem: krustig, eitrig

Rhus toxicodendron
Dosierung: D12, 1-mal täglich, ca. 7–10 Tage

Ruhelosigkeit; Kratzen erregt stets neuen Juckreiz; Schwellung; nässendes Ekzem; dicke Krusten (nässende, gelbe); Schuppen; kaltes Wasser verschlechtert sehr!

Hepar sulfuris
Dosierung: D12, 2-mal täglich, ca. 7–10 Tage

Schmierige Beläge; super berührungsempfindlich/reizbar bei Berührung!; heftiger Juckreiz; infizierte Falten in Hautwülsten; dicke Krusten/Borken; Geruch: übel/wie alter Käse.

Ekzem: nässend, blutig; krustig, schuppig

Psorinum*
Dosierung: C30 in Wasser, 1-mal täglich, ca. 6 Tage

Der Hund riecht übel, kratzt bis aufs Blut; Ekzem nässt (evtl. eine schmierige Belagsmasse); dicke Krusten (gelb, braun, braunschwarz); Haut/Haar sieht ungesund/schmuddelig aus; viel Angst; viel Appetit.
Hinweis: Wiederholung lange abwarten.

Arsenicum album
Dosierung: C30 in Wasser, 1-mal täglich, ca. 7 Tage

Kräftezehrendes Kratzen; kratzt bis aufs Blut; Sekrete: wässrig; auch trockene Krusten, Schorfe (dunkel), Schuppen (weiß). Energielos und unruhig, ängstlich, unsicher.
Besserung: Warmes Wasser (Haut)!

Ekzem: nässend, blutig, krustig, rissig

Passt auch zu *Arsenicum* (vorheriger Abschnitt), zu *Sulfur* (nächster Abschnitt).

Ekzem blutet schnell; starker Juckreiz; nässendes Ekzem; dicke Krusten, tiefe Rissen; berührungsempfindlich. Blähungen, Rumoren im Bauch. Misstrauen gegenüber Fremden, dominant, doch wenig Selbstvertrauen.
Verschlechterung: Druck/Leistung.

Lycopodium
Dosierung: C30 in Wasser, 1-mal täglich, ca. 7 Tage

Ekzem: trocken, rissig, schorfig, blutig

Siehe auch *Arsenicum*, *Graphites*, unter den vorangegangenen Abschnitten.

Eher trockenes Ekzem; Juckreiz bis wund/blutig; heiße Haut; Bildung von schuppigen Krusten, Eiter; Hautfetzen schälen sich ab; Schuppen; Risse; Folgen unterdrückter Ausschläge.
Verschlechterung: Wasser!, Warmwerden.
Auslöser: Antibiotika, Impfung.

Sulfur
Dosierung: C30 in Wasser, 1-mal täglich, ca. 7 Tage

Blutet schnell, viel; jede kleine Wunde; erst recht nach Kratzen; Ekzem: trocken, schuppig; Risse. Spielfreudig, begeistert, braucht Beachtung, sonst wird er sauer oder krank.
Verschlechterung: Stress.

Phosphorus
Dosierung: C30, 1-mal täglich, 4 Tage; Pause, später wiederholen

Ekzem: ausgelöst durch Kummer

Rückzug; Distanz; wirkt bekümmert, auch aggressiv (»lasst mich alle zufrieden«). Pfoten-/Zehenekzem! (knabbert), starker Juckreiz; raue, schuppige Haut, Krusten; Risse.
Verschlechterung: Am Meer.

Natrium chloratum
Dosierung: C30 in Wasser, 1-mal täglich, 7 Tage

Nagt an den Pfoten, Hautschäden durch z. B. Lecken; Pfoten-/Zehenekzem. Ärger/Kummer (evtl. auch des Haltes, im Haushalt); launisches Sensibelchen; stiller Kummer.
Verschlechterung: Wenn scheinträchtig.

Ignatia
Dosierung: C30, 1-mal täglich, max. 7 Tage

Verhaltensauffälligkeiten

Im Gegensatz zum Menschen kann der Hund nicht hinterfragen oder analysieren, warum sein Halter oder die Stimmung im Haushalt z. B. angespannt, nervös oder furchtsam ist, sondern der Hund wird dies als gegeben hinnehmen und dementsprechend widerspiegeln. Dadurch können Missverständnisse entstehen, die nicht selten auf den Hund zurückfallen. Es gibt natürlich auch Hunde, deren Vorgeschichte, Typ oder Charakter seinem Menschen Kopfzerbrechen machen. Umso bedeutsamer ist die Erziehung des Hundes und eine geklärte Überlegenheit des Halters gegenüber seinem Hund. Die hier vorgestellte Homöopathie kann viel Gutes bewirken, wobei sie keine artgerechte, sorgsame und freundliche Haltung und Erziehung des Hundes ersetzen kann. Bei Angst und Schreck helfen Hund und Mensch auch Bachblüten Notfalltropfen (Rescue Remedy).

Angst, Furcht beim Alleinsein

Stramonium
Dosierung: C30,
1-mal täglich,
max. 5 Tage

Außer sich vor Angst, zerstört beim Alleinsein evtl. Gegenstände, uriniert/kotet ins Haus (Platz bleibt sauber); erkennt bei Panik keine Freunde mehr; braucht Bezugsperson. **Verschlechterung:** Dunkelheit, Fremde.

Hyoscyamus
Dosierung: C30,
1-mal täglich,
max. 4 Gaben

Flippt aus vor Angst, flippt ohnehin oft aus!, ist häufig giftig, ängstlich-aggressiv, beschmutzt oder zerstört ohne Anzeichen von Unrecht (vor allem beim Alleinsein).

Arsenicum album
Dosierung: C30,
1-mal täglich,
max. 5 Gaben

Braucht seinen Menschen, seine Sicherheit, Regelmäßigkeit; (sehr) ruhelos beim Alleinsein (vor allem nachts); unsicher, oft schlank, sehr reinlich, rasch erschöpft bei viel Stress/beim Kranksein.

Phosphorus
Dosierung: C30,
1-mal täglich,
max. 5 Tage

Spritziger Typ; hat mitunter einen »Kasper verspeist«; Alleinseinsangst, häufig hilft Radio/Fernseher, liebt Trubel, Abwechslung; neugierig, mitfühlend, gut zu beruhigen. **Verschlechterung:** Bevor das Gewitter da ist.

Klebt am »Rockzipfel«, ohne Frauchen/Herrchen wird ihm oft angst und bange, leidet sehr, unterwirft sich, flüchtet/verkriecht sich bei Gefahr, kann sich zäh verweigern.

Pulsatilla
Dosierung: C30 in Wasser, 1-mal täglich, max. 6 Tage

Intelligenter Typ, der jeden zu dominieren versucht, aber Konfrontation mit Stärkeren häufig ausweicht; Angst beim Alleinsein, Furcht in lauten Gruppen (Mensch/Tier).

Lycopodium
Dosierung: C30, 1-mal täglich, max. 5 Tage

Impulsiver Typ, ungestüm, mitfühlend, launisch, beeinflussbar; mag gerne kühle Plätze; Furcht beim Alleinsein!; auf Brücken, im Auto, im Fahrstuhl, bei Prüfungen.

Argentum nitricum
Dosierung: C30 in Wasser, 1-mal täglich, max. 7 Tage

Aggressionen

Plötzlicher Beißer, heftig und plötzlich, aber schnell wieder normal; vitaler, lebhafter, kräftiger Typ, gerät rasch in Aufregung z. B. bei zuviel Trubel, Außenreizen.

Belladonna
Dosierung: C30, 1-mal täglich, max. 4 Tage

Wutanfälle, sehr überraschend, da sonst behäbiger, ruhiger Typ, eher schwer gebaute Rassen, nicht mutig/nicht ängstlich; beißt/kämpft, wenn das Maß randvoll ist.

Calcium carbonicum
Dosierung: C30 in Wasser, 1-mal täglich, max. 6 Tage

Aus Eifersucht, der Hund kann es nicht ertragen, wenn andere (ein wenig) mehr beachtet, gestreichelt werden oder vor ihm Leckerli erhalten. Warnt erst, zwickt/beißt dann aber zackig. **Verschlechterung:** Halsband, vor Läufigkeit.

Lachesis
Dosierung: C30 in Wasser, 1-mal täglich, max. 6 Tage

Erregter »Giftzwerg«, der durch Eifersucht, Konkurrenzverhalten oder Alleinsein ins Haus uriniert/kotet (auch unbelehrbar) oder (viel) Streit sucht; starker Sexualtrieb.

Hyoscyamus
Dosierung: C30, 1-mal täglich, max. 4 Tage

Natrium chloratum
Dosierung: C30,
1-mal täglich,
max. 5 Tage

Lasst mich in Ruhe; angespannte, treue Seele, wird knurrig bis bissig, wenn einer unaufgefordert zudringlich wird (Mensch/Hund), fremde Menschen mag er schon gar nicht.

Lycopodium
Dosierung: C30,
1-mal täglich,
max. 5 Tage

Aggressiv durch Widerstand, wenn er durch Mensch oder Tier unter Druck gesetzt wird; warnt vorher; beißt kleinere, kläffende Hunde; aggressiv, wenn hinterm Zaun (er selbst oder andere).

Phosphorus
Dosierung: C30,
1-mal täglich,
max. 5 Tage

Zwickt, wenn Beachtung fehlt; ansonsten lieber, anhänglicher Typ, der aber unleidlich und zickig sein kann (gegen Mensch/Tier), wenn er nicht im »Mittelpunkt« steht.

Nux vomica
Dosierung: C30,
1-mal täglich,
max. 6 Tage

Hinterhältig aus Unsicherheit, zwickt/beißt ins Hinterteil, stürzt sich ohne Warnung auf andere Hunde; sucht Streit, überempfindlich, reizbar, Hass auf bestimmte Menschen/Tiere. **Hinweis:** Alleinseinsangst.

Sepia
Dosierung: C30,
1-mal täglich,
max. 5 Tage

Selbstständige Hündin; geht problemlos durch dick und dünn, aber ungewohnte, vor allem laute Menschen (in Gruppen) machen sie nervös, knurrig, plötzlich aggressiv. **Verschlechterung:** Vor/nach Läufigkeit.

Chamomilla
Dosierung: C30,
1-mal täglich,
max. 5 Tage

Widerspenstig bei Berührung, ohne Grund, wird bei Zudringlichkeit/Berührung hysterisch bis angriffslustig, zwickt/beißt; evtl. häufiger bei jüngeren Hunden angezeigt. **Verschlechterung:** Wind, Zahnwechsel.

Arnica
Dosierung: C30,
1-mal am Tag,
über 4 Tage

Trauma-Mittel; zu beachten, wenn der Hund eine Verletzung/Gewaltanwendung an Körper/Seele erfahren hat, woraufhin er bei Berührung/Näherkommen aggressiv wird.

Schreckhaft, nervös, scheu

Schreckhaft bei Wind ist auch *Chamomilla*
(Aggressionen).

Wind, Lärm, Wasser. Kopflos, er flüchtet bei
Schreck, falls dieser groß war; kriegt sich auch
wieder ein; heftiges Verhalten bei Schreck, regt
sich plötzlich auf und ebenso wieder ab.

Belladonna
Dosierung: C30,
1-mal täglich,
max. 4 Tage

Hört alles, erschreckt spontan bei Geräuschen
(laut, ungewohnt), je nach Nervenlage/Tages-
form; zucken, flüchten, auch beißen; überempfindlich gegen Außenreize; viele Ängste.
Verschlechterung: Stress, Geräusche.

Nux vomica
Dosierung: C30,
1-mal täglich,
max. 6 Tage

Unsicherheit; immer auf der Hut, springt bei
Geräusch auf, zur Seite, weicht aus, flüchtet,
lässt sich aber durch gutes Zureden beruhigen.
Ruheloser, getriebener Typ.
Verschlechterung: Unregelmäßigkeit.

Arsenicum album
Dosierung: C30,
1-mal täglich,
max. 5 Tage

Schuss, Gewitter, Zwielicht. Der Schauspieler,
spielt gerne, kasperig, neugierig, wenn er sich
erschreckt, dann oft ruckartig, ohne Flucht,
sieht/hört viel, lässt sich gut beruhigen, streicheln, ablenken.

Phosphorus
Dosierung: C30,
1-mal täglich,
max. 5 Tage

In der Fremde, Trubel, Prüfung. Ausweicher;
kann sich sehr erschrecken, flüchten oder
irgendwohin ausweichen, sich entziehen,
widersetzlich sein; nachdrückliche Forderung
macht ihn aggressiv.

Lycopodium
Dosierung: C30,
1-mal täglich,
max. 5 Tage

Gewitter, Lärm, Dunkelheit. Dünnhäutiger Typ;
der in der Jugend hoch »ins Kraut geschossen
ist«; nervös, zappelig, wenig Ausdauer, stets
abgelenkt!, erschreckt sich sehr leicht, liebt
Abwechslung.

**Calcium
phosphoricum***
Dosierung: C30,
1-mal täglich,
max. 5 Tage

Graphites
Dosierung: C30,
1-mal täglich,
max. 5 Tage

Musik, Lärm, morgens. Unentschlossenheit;
»schieb-mich-zieh-mich-Typ«, robust, gefräßig,
behäbig, lernt langsam, Schreck/Angst bei
Kleinigkeiten, unvermutet schreckhaft, scheu,
aufgeregt.
Verschlechterung: Läufigkeit.

Borax*
Dosierung: D6,
1-mal täglich,
max. 7 Tage

Nicht »schussfest«, Furcht vor Schüssen,
Böllern, lautem Knallen; auch große Angst vor
Abwärtsbewegung (Tragen, Fahrstuhl, Ge-
ländefahrt, Flugzeug).

Pulsatilla
Dosierung: C30 in
Wasser, 1-mal täglich,
max. 5 Tage

Scheu, schüchtern, vor allem in der Fremde, bei
Fremden; freundlicher Typ, er kann sich aber
zäh/stur verweigern, wenn ihm etwas nicht
passt oder die Furcht groß ist.
Verschlechterung: Wärme, Enge.

Angst vor Wasser

Kann auch nach Tollwutimpfung auftreten!
Passt auch zu *Stramonium* (Angst beim Alleinsein), zu *Belladonna* (Schreckhaft), *Belladonna*
hilft auch bei Folgen von Tollwutimpfung.

Lyssinum*
Dosierung: C30,
1-mal täglich an 2
Tagen, ggf. noch 1-mal

Geht nicht durch Wasser; Angst vor Wasserober-
flächen/-plätschern, glitzernden Flächen. Die
Tollwutnosode. Bewährt bei Folgen von Tollwutimpfung (Wasserphobie)!
Hinweis: Heißt auch *Hydrophobinum*.

Hyoscyamus
Dosierung: C30, 1-mal
täglich an 2 Tagen,
Pause, noch 2-mal

Angst vor Wasser; plötzliche Aufgeregtheit,
wenn nicht ohnehin bei jeder kleinsten Aufregung sehr in Rage, bellend, giftig. Fürchtet
auch glitzernde Wasserflächen.

Sulfur
Dosierung: C30,
1-mal täglich,
max. 4 Tage

Brücke über Gewässer, hat Höhenangst, vor
allem dann, wenn darunter Wasser fließt,
geht bei viel gutem Zureden ein paar Schritte,
dann verlässt ihn der Mut.
Verschlechterung: Baden.

Folgen von Schreck, Schock

Wenn der Hund durch Schreck oder Schock
(z. B. Angriff, Beißerei, Verletzung, Unfall) trau-
matisiert ist und in ähnlichen Situationen z. B.
ängstlich bis panisch reagiert.

Großer Schreck mit Angst, der (Todes-)Gefahr
bedeutet, plötzlich, unvermutet erlebt wird.
Auch länger zurückliegender Schreck/Schock
(C200, 1-mal täglich, max. 3 Tage).

Aconitum
Dosierung: C30,
¼-stündlich,
max. 4 Gaben

Immer wieder erschreckt, oft an gleicher Stelle
oder in ähnlicher Situation; ist nach akutem
Schreck/Schock (sehr) aufgeregt (wie high) oder
benommen (wie betäubt).

Opium
Dosierung: C30, akut
¼-stündlich, 4 Gaben;
chronisch 1-mal täglich,
4 Tage

Traumatisches Erlebnis; sofort geben, wenn
Unfall oder Verletzung passiert ist, da es die Folgen davon bereinigen kann. Gerne mit Opium.

Arnica
Dosierung: C30,
¼-stündlich,
max. 4 Gaben

Kummer: neues Zuhause, Heimweh, Verlust

Verzweifelter Kummer, z. B. neues Zuhause,
Tierheim, Pension, Tod; sein Leiden ist kaum zu
übersehen, er läuft auf und ab, läuft evtl. weg,
frisst/trinkt kaum bis nicht. Akut.

Ignatia
Dosierung: C30,
½-stündlich,
max. 5 Gaben

Teilnahmslos, Hund liegt, schläft viel, zeigt kein
Interesse, verkriecht sich, wie in sich gekehrt;
lässt in Gegenwart seines (neuen) Halters keinen Urin/(vor allem) Kot aus Anspannung.

Ambra*
Dosierung: C30,
½-stündlich,
max. 5 Gaben

Speichert Kummer, auch den seines Halters
(»opfert« sich!), wenn das Maß voll ist, wird er
aggressiv, mag keine Berührung (Fremde), wird
evtl. bissig. Kann in Gegenwart Fremder nicht
Urin lassen.

Natrium chloratum
Dosierung: C200,
1-mal täglich,
max. 3 Tage

Literaturnachweis, Bezugsquellen

Bär, M., Pfeiffer, G., Rakow. B., Seyfried. A-L., Westerhuis, A., Arzneimittellehre der Tierhomöopathie, Band 1, Aude Sapere, Med. Fachbuchverlag, 2002

Barthel, H., Miasmatisches Symptomen-Lexikon, 2. Aufl., Barthel & Barthel Verlag, Nendeln, 1999

Borschel, G., Homöopathie in der Veterinärmedizin, 2. Aufl., Barthel & Barthel Verlag, Nendeln, 2002

Ernst, E., Hundekrankheiten, Ulmer Verlag, Stuttgart, 2000

Grafe, A., Repertorium für Tierhomöopathie, Akademie für Tiernaturheilkunde ATM, Bad Bramstedt, ca. 1990

Guthrie, S., Lane, D., Summer-Smith, G., Das große Buch der Hundegesundheit; Kynos Verlag, 2004.

Loeffler, K., Anatomie und Physiologie der Haustiere, 10. Auflage, UTB für Wissenschaft Uni-Tachenbücher GmbH, Stuttgart, 2002

Marx-Holena, H., Homöopathie für Pferde, 3. Aufl., BLV Buchverlag, München, 2006

Marx-Holena, H., Der PraxisRatgeber Homöopathie für Pferde, 2. Aufl., BLV Buchverlag, München, 2006

Morrsion, R., Handbuch der homöopathischen Leitsymptome und Bestätigungssymptome, 2. Auflage, Kai Kröger Verlag, 1997

Murphy, R., Klinisches Repertorium der Homöopathie, 1. Aufl., Narayana Verlag Kandern, 2007

Steingasser, H. M., Homöopathische Materia Medica für Veterinärmediziner, 3. Auflage, Verlag W. Maudrich, Wien, 2004

Synthesis, Repertorium homoeopathicum syntheticum; Edition 7: Herausgeber F. Schroyens, Hahnemann Institut, Greifenberg, 1998

Bezugsquellen (siehe auch Seite 18):

Deutsche Homöopathie Union
Postfach 410280
76202 Karlsruhe
Fax: 0721 - 4093263
info@dhu.de
www.dhu.de

Staufen-Pharma GmbH & Co. KG
Bahnhofstraße 33-35+40
73033 Göppingen
Fax: 07161- 676298
info@staufen-pharma.de
www.staufen-pharma.de

Über Ihre Apotheke, Ihren Hausarzt oder Tierarzt zu bestellen.